高等职业教育科普教育系列教材

区块链概论

丛书主编 ◎ 沈言锦
本书主编 ◎ 谢剑虹
本书副主编 ◎ 邓国群 汪铭杰 杨茜
本书参编 ◎ 沈钰东 吴芳榕 张坤

机械工业出版社
CHINA MACHINE PRESS

本书包括区块链的兴起发展、区块链的基本概念、区块链的技术原理、区块链的核心问题、区块链的技术融合、区块链的应用6章内容。旨在帮助读者掌握区块链的概念，了解区块链的技术与原理，熟悉区块链应用原则及应用模式，了解区块链未来的发展。

本书适合高等职业教育本科及专科区块链技术及相关专业学生作为教材使用，也可作为非区块链专业学生、对区块链感兴趣的读者的科普通识读物。

本书配有微课视频，读者扫描书中二维码，即可观看。

本书配有电子课件、习题及答案等数字资源，凡使用本书作为授课教材的教师可登录机械工业出版社教育服务网（www.cmpedu.com）下载。咨询电话：010-88379375。

图书在版编目（CIP）数据

区块链概论 / 谢剑虹主编；沈言锦丛书主编. — 北京：机械工业出版社，2023.8
高等职业教育科普教育系列教材
ISBN 978-7-111-73594-6

Ⅰ.①区… Ⅱ.①谢…②沈… Ⅲ.①区块链技术 – 高等职业教育 – 教材 Ⅳ.①TP311.135.9

中国国家版本馆CIP数据核字（2023）第138498号

机械工业出版社（北京市百万庄大街22号　邮政编码100037）
策划编辑：杨晓昱　　　　　责任编辑：杨晓昱
责任校对：薄萌钰　张　征　　封面设计：马精明
责任印制：单爱军
北京虎彩文化传播有限公司印刷
2023年9月第1版第1次印刷
184mm×260mm・9.75印张・167千字
标准书号：ISBN 978-7-111-73594-6
定价：49.80元

电话服务　　　　　　　　　网络服务
客服电话：010-88361066　　机　工　官　网：www.cmpbook.com
　　　　　010-88379833　　机　工　官　博：weibo.com/cmp1952
　　　　　010-68326294　　金　书　网：www.golden-book.com
封底无防伪标均为盗版　机工教育服务网：www.cmpedu.com

前 言

中共中央办公厅、国务院办公厅印发的《关于新时代进一步加强科学技术普及工作的意见》中指出,"科学技术普及(以下简称科普)是国家和社会普及科学技术知识、弘扬科学精神、传播科学思想、倡导科学方法的活动,是实现创新发展的重要基础性工作",并要求"高等学校应设立科技相关通识课程,满足不同专业、不同学习阶段学生需求,鼓励和支持学生开展创新实践活动和科普志愿服务""强化职业学校教育和职业技能培训中的科普。弘扬工匠精神,提升技能素质,培育高技能人才队伍"。

党的二十大报告提出加强国家科普能力建设,将科普作为提高全社会文明程度的重要举措。

为了落实党的二十大精神和中共中央、国务院文件精神,强化高职院校的科普教育,湖南省多家高职院校、研究机构共同编写高等职业教育科普教育系列教材,本书为该系列教材之一。

近些年,区块链底层技术研究与技术应用研发等都实现了快速发展。区块链技术打破了传统技术在信用、安全等方面的壁垒。例如,人们不需要借助第三方也能安全交易;投送广告时更精准且花费更低;通过扫码就能了解产品从生产到销售的全过程等。目前,区块链技术已被广泛应用到金融、能源、医疗、教育等各个领域,其应用价值已被社会各界广泛认可。

党的二十大报告提出,"加快发展数字经济,促进数字经济和实体经济深度融合,打造具有国际竞争力的数字产业集群"。区块链技术有助于促进数据共享、优化业务流程、降低运营成本、提升协同效率、建设可信体系,是支撑数字经济发展的战略性技术,对贯彻新发展理念、构建新发展格局、推动高质量发展具有重要作用。

本书共6章，内容包括区块链的兴起发展、区块链的基本概念、区块链的技术原理、区块链的核心问题、区块链的技术融合、区块链的应用，旨在帮助读者掌握区块链的概念，了解区块链的技术与原理，熟悉区块链应用原则及应用模式，了解区块链未来的发展。

本书编写遵循下列四个要点：①以深入浅出的方式，激发读者崇尚科学、探索未知的兴趣，促进其科学素质的提高。②介绍基本概念或解释原理框架，让读者能切实理解和掌握区块链技术的基本原理及相关应用知识。③提供浅显易懂的案例，辅以拓展阅读和小贴士，善用学习金字塔的学习效能要求，便于读者采用多元学习方式。④每章设置了难度适中的思考与练习，让读者在练习后能够更自信地建构区块链的基本观念与技术框架。

本书内容力求突出通识性和实用性，便于教学。5G+"云天麻"产业全流程管理应用项目、邹平区块链生态环境监管平台等案例，展示了中国式现代化的生机活力与美好光辉。

本书适合高等职业教育本科及专科区块链相关专业学生作为教材使用，也可作为非区块链专业学生、对区块链感兴趣的读者的科普通识读物。

本书由谢剑虹担任主编，邓国群、汪铭杰、杨茜担任副主编，沈钰东、吴芳榕、张坤参与编写。

感谢湖南省教育科学研究院、湖南汽车工程职业学院、湖南九嶷职业技术学院、永州职业技术学院、长沙环境保护职业技术学院等研究机构和院校对本系列教材的编写给予的大力支持。

由于编写人员水平有限，书中难免有错漏之处，如果读者发现任何问题和不足，请不吝指正。

编者

目 录

前言

第 1 章　区块链的兴起发展

1.1 "区块链"一词的产生（微课1）/003
1.2 区块链的演变历程（微课2、3）/004
  1.2.1 区块链 1.0 时代 /004
  1.2.2 区块链 2.0 时代 /004
  1.2.3 区块链 3.0 时代 /004
  1.2.4 区块链 4.0 时代 /005
1.3 区块链面临的挑战（微课4、5）/007
  1.3.1 安全 /007
  1.3.2 人才 /008
  1.3.3 观念 /009
  1.3.4 标准 /009
  1.3.5 法律 /009
思考与练习 /010

第 2 章　区块链的基本概念

2.1 区块链的定义（微课6）/013
2.2 区块链的特点（微课7）/015
2.3 区块链的分类（微课8、9、10、11）/018
  2.3.1 公有链 /019
  2.3.2 私有链 /021
  2.3.3 联盟链 /022
  2.3.4 三大类型区块链的核心区别 /024
2.4 区块链系统的架构（微课12）/025
思考与练习 /027

第 3 章　区块链的技术原理

3.1 分布式账本（微课13）/031
  3.1.1 分布式账本的定义 /031
  3.1.2 分布式账本的记账方式 /032
3.2 区块链密码学（微课14、15、16）/033
  3.2.1 无所不在的哈希函数（Hash Function）/033
  3.2.2 非对称加密 /037
  3.2.3 数字签名 /040
3.3 智能合约（微课17、18）/042
  3.3.1 智能合约的概念 /042
  3.3.2 智能合约的特点 /042
  3.3.3 智能合约的应用场景 /043
3.4 共识机制（微课19、20、21）/044
  3.4.1 共识问题的产生 /044
  3.4.2 常用的共识机制 /049
3.5 点对点网络（微课22、23）/053
  3.5.1 点对点网络的概念 /053
  3.5.2 点对点网络的三种类型 /054
  3.5.3 点对点网络架构 /054
思考与练习 /056

第 4 章　区块链的核心问题

4.1　区块链性能（微课 24）/059

4.2　区块链隐私保护（微课 25、26）/060

　　4.2.1　区块链的隐私问题 /060

　　4.2.2　区块链的隐私保护机制 /062

4.3　区块链安全（微课 27、28）/065

　　4.3.1　区块链的安全问题 /065

　　4.3.2　区块链安全保护机制 /069

4.4　区块链的其他技术发展

　　（微课 29、30、31）/071

　　4.4.1　分片技术 /071

　　4.4.2　侧链技术 /074

　　4.4.3　跨链技术 /078

思考与练习 /085

第 5 章　区块链的技术融合

5.1　区块链 + 人工智能（微课 32、33、34）/089

　　5.1.1　区块链和人工智能的联系 /089

　　5.1.2　区块链在人工智能中的应用 /090

　　5.1.3　案例：供应链金融服务平台 /091

5.2　区块链 + 大数据（微课 35、36、37）/094

　　5.2.1　区块链和大数据的联系 /094

　　5.2.2　区块链在大数据中的应用 /095

　　5.2.3　案例：不动产区块链应用系统 /095

5.3　区块链 + 云计算（微课 38、39、40）/098

　　5.3.1　区块链和云计算的联系 /098

　　5.3.2　区块链在云计算中的应用 /099

　　5.3.3　案例：工业互联网供应链云平台 /099

5.4　区块链 + 5G（微课 41、42、43）/102

　　5.4.1　区块链和 5G 的联系 /102

　　5.4.2　区块链在 5G 中的应用 /102

　　5.4.3　案例：5G+"云天麻"产业全流程管理应用项目 /104

5.5　区块链 + 物联网（微课 44、45、46）/105

　　5.5.1　区块链和物联网的联系 /105

　　5.5.2　区块链在物联网中的应用 /106

　　5.5.3　案例：食品追溯体系平台 /106

思考与练习 /109

Contents

第 6 章　区块链的应用

6.1　区块链应用的基本逻辑（微课 47）/113

6.2　区块链与金融

（微课 48、49、50、51、52、53）/113

　　6.2.1　数字货币 /115

　　6.2.2　支付清算 /119

　　6.2.3　数字票据 /122

6.3　区块链与信息安全（微课 54、55、56）/125

　　6.3.1　软件或设备的交互认证 /126

　　6.3.2　个人身份认证 /126

　　6.3.3　所有权认证 /129

6.4　区块链与生态环境（微课 57、58、59）/130

　　6.4.1　供应链管理 /131

　　6.4.2　垃圾分类及回收 /132

　　6.4.3　能源管理 /134

　　6.4.4　环境条约 /136

6.5　区块链与智能交通（微课 60、61）/136

　　6.5.1　平台信息安全 /137

　　6.5.2　交通违章管理 /139

　　6.5.3　交通服务优化 /141

6.6　大型区块链项目（微课 62）/143

　　6.6.1　星火·链网 /143

　　6.6.2　区块链服务网络（BSN）/144

　　6.6.3　中国人民银行贸易金融区块链平台 /144

　　6.6.4　央行数字票据交易平台 /145

思考与练习 /146

参考文献 /147

第 1 章
区块链的兴起发展

区块链技术在多个领域有广阔的发展前景,该技术的发展也充满挑战。本章主要讲述了区块链的产生、演变过程,以及面临的挑战。

区块链概论

知识目标

- 了解区块链的由来。
- 熟悉区块链技术的演变过程。
- 了解区块链产业的发展现状,熟悉应用前景。
- 了解区块链技术发展面临的主要挑战,掌握解决问题的方向。

科普素养目标

- 通过学习区块链的起源和发展,培养历史观和价值感。
- 通过了解区块链面临的挑战,激发解决难题的潜力。

微课 1

1.1 "区块链"一词的产生

2008年11月1日,中本聪(化名)在"metzdowd.com"网站的密码学家的邮件列表中发表了论文《比特币:一种点对点的电子现金系统》。在这篇被称为"比特币白皮书"的论文中,作者声称发明了一套新的不受政府或机构控制的电子货币系统。虽然从学术角度看,这篇论文远不能算是合格的论文,因为文章的主体是由8个流程图和对应的解释文字构成的,没有定义名词、术语,格式也很不规范,但对区块链和"数字货币"领域而言,这却是非常重要的技术文献之一。这便是轰动全球的比特币白皮书。

2009年1月,中本聪在SourceForge网站发布了区块链的应用案例——比特币系统的开源软件。2009年1月3日,中本聪在位于芬兰赫尔辛基的一个小型服务器上"挖"出了比特币的第一个区块——创世区块(Genesis Block),并获得了首批"挖矿"奖励——50枚比特币。2009年1月11日,比特币客户端0.1版发布,这是比特币历史上的第一个客户端,它意味着更多人可以挖掘和使用比特币。2009年1月12日,中本聪发送了10枚比特币给密码学专家哈尔·芬尼,这成为比特币史上的第一笔交易。

在中本聪的比特币白皮书里根本没有区块链(Blockchain)这个词,只有链(chain)。链(chain)只是比特币系统的子集。后来出现了各种山寨系统,为了将所有系统抽象出一个总的概念,就约定俗成地造出了一个新单词——Blockchain(区块链)。

> **注意**
> ①区块链是比特币原创核心技术。在比特币被发明之前,世界上并不存在区块链。②比特币被发明之后,很多人参考比特币中的区块链,使用类似的技术实现各种应用,这类技术统称为区块链技术,用区块链技术实现的各种链即为区块链。

1.2 区块链的演变历程

1.2.1 区块链 1.0 时代

区块链 1.0 是以比特币为代表的"数字货币"应用，主要通过一个分布式分散的数据库将货币、支付、数据和信息存储分散化，以及通过分布式的数据库存储信息。比特币是区块链 1.0 的典型应用。

比特币是第一个解决双重支付问题的"数字货币"，通过工作量证明（Proof of Work，PoW）协商共识算法，结合连接到网络的计算处理能力来保护和验证事务，从而保护分布式数据库账本。自比特币诞生以后，全球已陆续出现了数百种"数字货币"，围绕"数字货币"生成、交易、存储形成了较为庞大的"数字货币"产业链生态。

1.2.2 区块链 2.0 时代

区块链 2.0 是"数字货币"与智能合约的结合，能够让金融领域中更广泛的场景和流程实现优化。区块链 2.0 引入了分布式虚拟机的概念，可以在区块链层之上构建分布式的应用程序。区块链技术应用于金融领域是有着天生的绝对优势的。金融机构通过使用新的区块链技术可以提高运营效率，降低成本。更重要的是区块链 2.0 引入了图灵完备的智能合约，允许多个微事务发生，可处理更大的事务量，例如在以太坊，比特币每秒的交易次数从 7 次提高到 15 次，这是一个显著的提高。这对资产证券化、供应链金融、保险、跨境支付、银行征信、数字票据等泛金融领域的应用尤其重要。

1.2.3 区块链 3.0 时代

区块链 3.0 是超越货币和金融范围的泛行业去中心化应用，特别是在政府、医疗、科学、文化和艺术等领域的应用。随着区块链技术不断成熟，其应用将带来以下几个方面的价值。

1. 推动新一代信息技术产业的发展

随着区块链技术应用的不断深入，将为云计算、大数据、物联网、人工智能等新一代信息技术的发展创造新的机遇。例如，随着区块链服务（Blockchain as a Service，BaaS）平台的深入应用，必将带动云计算和大数据的发展。这样的机遇将有利于信息技术的升级换代，也将有助于推动信息产业的跨越式发展。

2. 为经济社会转型升级提供技术支撑

随着区块链技术广泛应用于金融服务、供应链管理、文化娱乐、智能制造、社会公益以及教育等经济社会各领域，其必将优化各行业的业务流程，降低运营成本，提升协同效率，进而为经济社会转型升级提供系统化的支撑。例如，随着区块链技术在版权交易和保护方面应用的不断成熟，对文化娱乐行业的转型发展也将起到积极的推动作用。

3. 培育新的创业创新机会

国内外已有的应用实践证明，区块链技术作为一种大规模协作的工具，能促使不同经济体内交易的广度和深度迈上一个新的台阶，并能有效降低交易成本。例如，万向集团结合"创新聚能城"，构建区块链的创业创新平台，既为个人和中小企业创业创新提供平台支撑，又为将来应用区块链技术奠定了基础。可以预见的是：随着区块链技术的广泛运用，新的商业模式会大量涌现，为创业创新制造新的机遇。

4. 为社会管理和治理水平的提升提供技术手段

随着区块链技术在公共管理、社会保障、知识产权管理和保护、土地所有权管理等领域的应用不断成熟和深入，其将有效提升公众参与度，降低社会运营成本，提高社会管理的质量和效率，对社会管理和治理水平的提升起到重要的促进作用。例如，蚂蚁金服将区块链运用于公益捐款，提升了公益活动的透明度，也为区块链技术用于提升社会管理和治理水平提供了实践参考。

1.2.4 区块链 4.0 时代

区块链 4.0 专注于创新。速度、用户体验和可用性将成为区块链 4.0 重点关注的领域。我们可以将区块链 4.0 应用分为两个垂直领域：Web 3.0 和元宇宙。

1. Web 3.0

Web 3.0 的核心是去中心化，因此区块链在其开发中扮演着关键的角色。

Web 2.0 在为社会参与提供新的选择方面是革命性的。但为了利用这些机会，消费者需将所有相关数据提供给集中系统，放弃了隐私，将自己暴露在网络威胁之下。

世界发展需要 Web 3.0 这样一个用户自主的平台。因为 Web 3.0 旨在创建一个自治、开放和智能的互联网，它将依赖于去中心化协议，而区块链可以提供这些协议。

随着区块链 4.0 的兴起，更多专注于 Web 3.0 的区块链将出现，这些区块链将具有内聚互操作性，通过智能合约实现自动化、无缝集成和 P2P 数据文件的防审查存储。

2. 元宇宙

元宇宙是一个虚拟的、以人工智能和虚拟现实技术为基础构建的数字世界，包含了多个相互连接的虚拟世界和平台。区块链是一种去中心化的分布式数字账本技术，能够实现安全、透明和防篡改的记录和交易。

元宇宙和区块链两种技术结合在一起，可以创造出更加安全、透明和以用户为中心的虚拟体验。区块链可以在塑造元宇宙的发展和治理方面发挥重要作用，使虚拟世界中的信任和参与达到一个新的水平。

元宇宙和区块链的关系如下。

（1）**数字资产和所有权** 区块链技术可用于创建、管理和跟踪元宇宙内的数字资产，如虚拟商品、虚拟资产、数字货币、房地产等，区块链技术可以提供去中心化的、不可篡改的资产管理方式，确保虚拟资产的所有权和价值不受篡改和侵犯。

（2）**虚拟经济** 基于区块链的加密货币可以促进元宇宙内的交易和贸易，允许用户购买、出售或交易数字资产和服务。

（3）**支付结算** 在元宇宙中，用户可以进行各种经济活动，如购买虚拟商品、服务等，因此需要有安全、快捷的支付结算方式。区块链技术可以提供安全、快捷的数字货币支付方式，避免了中间商赚取差价的问题。

（4）**去中心化身份认证** 在元宇宙中，用户的身份识别和验证至关重要。传统的身份认证方式容易受到仿冒和欺诈的攻击。区块链技术可以提供去中心化的、不可篡改的身份认证方式，保障用户隐私和安全。

（5）**安全和隐私** 区块链技术固有的安全和透明功能有助于确保元宇宙内的数据安全和隐私。这在用户分享个人信息、参与交易以及与各种数字资产和服务互动时尤为重要。

（6）**去中心化治理** 元宇宙是一个虚拟的数字世界，需要具有高度自治性的治理模式来管理其中的各项活动和业务。区块链技术可以提供去中心化的治理模式，使用户能够参与决策过程并保持对元宇宙的控制，使得元宇宙的运营更加公平、透明、民主，创造一个更加以用户为中心的元宇宙体验。

1.3 区块链面临的挑战

区块链在未来发展过程中也面临着一些挑战,下面主要从安全、人才、观念、标准、法律 5 个方面阐述区块链面临的挑战。

1.3.1 安全

区块链是基于密码学、点对点通信、共识算法、智能合约、顶层应用构建等的融合型技术,对于每个技术来说,都存在一定的安全风险。

1. 基于密码学

密码学包括哈希算法、非对称加密等加密解密技术,一些密码学算法本身就存在漏洞,如 MD5 算法,已经被山东大学王小云教授成功破解。对于一些成熟的密码学算法,如比特币所采用的 SHA-256 算法和椭圆加密算法,尽管目前尚不存在破解方法,但是随着量子计算的不断发展,计算力的指数级提升将会对所有密码学算法带来冲击。对此,应当继续探索对抗量子计算的量子密码学算法。同时,公私钥对的账户模式对私钥的安全性提出了挑战,传统钱包软件能否安全保护用户私钥,并且用户能否妥善保管私钥都存在疑问。

2. 基于点对点通信

对于点对点通信网络,有 5 种常见攻击方式对区块链安全造成冲击。

第一,日食攻击。日食攻击是通过建立大量的恶意连接来使某个节点被孤立、隔离在恶意网络中。恶意节点垄断此节点的输入和输出,诱骗其执行恶意节点的任务,或者使其误以为已经发生转账从而盗取钱财。

第二,分割攻击。攻击者利用边界网关协议(Border Gateway Protocol,BGP)改变节点消息的路由途径,从而将整个区块链网络分割为两个或多个,待攻击结束后,区块链重新整合为一条链,其余链将被废弃,攻击者从中选择对自己最有利的部分变为最长链,实现"双重支付"和"恶意排除交易"等非法行为。

第三,延迟攻击。攻击者通过边界网关协议来控制对某些节点新消息的接收,从而延迟其"挖矿"程序的监听时间，使得"矿工"损失大量时间和算力。

第四，分布式拒绝服务攻击（Distributed Denial of Service，DDoS）。攻击者通过发送大量恶意消息并且不进行握手确认，占用大量接收信息节点的计算存储资源和网络通信资源，从而使得区块链网络瘫痪。

第五，交易延展性攻击。多数"挖矿"程序是用Openssl库校验用户签名的，而Openssl可以兼容多种编码格式，所以对签名进行微调依然是有效签名，攻击者通过微调签名并使用不同的交易ID即可实现对同一笔交易的"双重支付"。

3. 基于共识算法

针对共识算法层面，常见的攻击方式如下。

第一，51%攻击。51%攻击主要针对PoW算法，如果系统的恶意节点掌握了超过51%的算力，那么大概率有能力控制最长合法链的强制选择，从而使得任何恶意交易都可以变得"合法"。

第二，女巫攻击。攻击者通过单一节点生成大量假名节点，通过控制大量节点并谎称完全备份来获得与其实际资源不匹配的强大权利，并削弱冗余备份的作用。

此外，还有短距离攻击、长距离攻击、币龄累计攻击和预计算攻击。

4. 基于智能合约

目前针对合约虚拟机的攻击方式有逃逸漏洞攻击、逻辑漏洞攻击、堆栈溢出漏洞攻击、资源滥用漏洞攻击。同时，针对智能合约的攻击方式有可重入攻击、调用深度攻击、交易顺序依赖攻击、时间戳依赖攻击、误操作异常攻击、整数溢出攻击和接口权限攻击等。

5. 基于顶层应用构建

针对顶层应用构建，常见的安全风险主要是数字货币交易平台、区块链移动数字钱包App、去中心化应用（Decentralized Application，DApp）等存在管理漏洞和技术漏洞问题。

1.3.2 人才

从2008年区块链概念问世至2023年，区块链经过了15年的飞速发展，但是其产生时间有限，社会认知困难，人才储备一直处于不足的状态。区块链领域往往需要复合型人才，因为区块链不单纯是一个技术问题，更是业务模式创新的问题，所以要求区块链人才对业务模式也要有深入的认识和分析。

据欧易联合领英共同研究发布的《2022 全球区块链领域人才报告——Web 3.0 方向》显示，截至 2022 年 6 月，美国、印度、中国、英国和新加坡是全球 TOP 5 区块链人才国家。同时，中国的区块链职位发布量在 2021 年均呈倍数级增长，人才需求极为强劲。

也就是说，目前我国区块链领域对技术性人才的需求高、缺口大，而作为新兴产业，区块链行业本身的人才存量较小，同时区块链行业对人才能力要求复合、培养人才的周期长，现有的人才培养机制已经无法满足快速增长的行业需求，造成人才供不应求现象。按照教育部 2023 年出台的《高等学校区块链技术创新行动计划》，各大高校也在加紧布局相关专业教育和课程培训体系，尽快填补我国区块链高级人才的缺口。

1.3.3 观念

区块链的概念在普及过程中遇到一定的阻力，其原因有以下两点。

第一，区块链本身是一个多学科融合、应用场景较为复杂的技术，所以对大众的知识水平有较高的要求。现在区块链概念普及的重要工作方向是如何让大众形象真切地感受区块链的社会价值。

第二，"币圈"的各类盗窃、诈骗、投机等乱象层出不穷，给大众形成了区块链并不可靠的负面形象。

1.3.4 标准

由于发展时间较短，区块链行业各个企业组织往往"自起炉灶"，其架构、网络通信、密码学算法、共识机制等标准的不同为互联互通带来了极大的障碍，影响了区块链行业的落地进程。

区块链行业的标准统一将有助于大众充分认知区块链，有助于监管部门的有效监督，有助于企业的高速发展，将大大减少"重复造轮子"等社会资源浪费的情况。目前国家和企业都在积极进行区块链行业标准的探索与沟通，这将有利于我国在区块链技术上的自主创新，加速区块链产业的互联互通。

1.3.5 法律

区块链行业目前处于谨慎发展的阶段，需要进一步完善相关法律法规，从账户安全、资金安全、隐私安全、软件安全、业务安全、存储安全、计算安全等方面进行严格监管，避免技术风险和道德风险。

思考与练习

【单选题】

1. 比特币是（　　）。
   A. 一堆加密代码　　　　　　　　B. 账本
   C. 加密"数字货币"　　　　　　　D. 游戏币
2. 区块链 2.0 时代的显著标志是（　　）。
   A. 智能合约　　　　　　　　　　B. 比特币
   C. 以太坊　　　　　　　　　　　D. Hyperledger
3. 以下哪项不属于点对点通信网络的常见攻击方式（　　）。
   A. 分割攻击　　　　　　　　　　B. 延迟攻击
   C. 快速攻击　　　　　　　　　　D. 日食攻击

【问答题】

1. 比特币与电子货币的区别是什么？
2. 区块链 4.0 的主要应用场景是什么？
3. 简述区块链的发展阶段。

第 2 章
区块链的基本概念

区块链在新基建中作为信任构建的基石,是数据可信共享的基础。区块链是什么,又将为产业经济带来哪些全新的应用?本章主要是对区块链的基本概述,让读者了解什么是区块链,区块链具有什么特点,如何对区块链进行分类,以及区块链系统的基本架构。

区块链概论

知识目标

- 理解区块链的定义。
- 掌握区块链的特点。
- 了解区块链的分类方式,能区分公有链、私有链和联盟链。
- 理解区块链系统架构中不同层的功能。

科普素养目标

- 通过学习区块链的特点,培养去中心化思维。
- 通过列举中国的区块链平台,激发民族自豪感。

2.1 区块链的定义

关于区块链的定义,并没有一个统一的说法。

由工业和信息化部信息化和软件服务业司以及国家标准化管理委员会指导,中国区块链技术和产业发展论坛编写的《中国区块链技术与应用发展白皮书(2016)》中给出的解释。狭义地讲,区块链就是一种按照时间顺序来将数据区块以顺序相连的方式组合成的一种链式数据结构,并以密码学方式保证的不可篡改和不可伪造的分布式账本。而从广义来讲,区块链其实是一种分布式基础架构与计算方式,用于保证数据传输和访问的安全。

简单来说,区块链(blockchain),就是由多个区块(block)组成的链条(chain)。在这些区块中存储了交易信息,并按照区块创建的时间顺序连接成链条,链条被保存到所有的服务器中,所有服务器组成一个区块链系统。在区块链系统中,每台服务器被称为一个节点,如果想要修改某个链条中的信息,必须取得半数以上的节点同意,才可修改,且修改的是所有节点中该链条的信息。因此,修改区块链中的信息并不是一件容易的事。系统只会从其中一个节点读取链条信息,若当前节点突然失效,将会立即启用下一个节点。所以,只要不是所有节点同时断开,就不会影响区块链的工作,这也保证了整条区块链的安全。

从科技层面来看,区块链涉及数学、密码学、互联网和计算机编程等众多科学技术问题。从应用视角来看,区块链是一个分布式的共享账本和数据库。

区块链到底是如何来记录交易信息的?请看以下案例。

案例

家庭账本

为了平衡收入与开支,很多家庭都会设立一个家庭账本,假设这个账本交给妈妈,不管是发工资还是买任何东西,都由妈妈管理。但这种记账方式通常会存在几个普遍问题：①孩子买了零食但没告诉妈妈；②账本不慎损坏了几页。

如果使用区块链来做家庭账本，首先记账的方式就会发生变化，当妈妈在记账时，爸爸和孩子也在记账，即每个家庭成员都拥有了家庭账本，且账本的信息是一样的。当发生交易时，所有的账本都会存入这条信息。但如果想要修改账本，就需要召开家庭会议，评判这次修改是否合理。如果赞成修改的人数超过半数，就可以修改账本，但需要对所有的账本都进行同样的修改。通过这些操作，常规记账中易出现的问题就能迎刃而解。

区块链的本质是一个去中心化的数据库，由一串数据块组成。它的每一个数据块当中都包含了一次网络交易的信息，而这些都是用于验证其信息的有效性和生成下一个区块的。这些数据块以链式结构存储，区块是链式结构的基本数据存储单元。区块分为区块头和区块主体两部分，区块头主要由上一个区块哈希值、时间戳、默克尔树根等信息组成，区块主体由一串交易列表组成。每个区块哈希值唯一，指向上一个区块，用于构成区块间的逻辑关系。区块链的基本数据结构如图 2-1 所示。

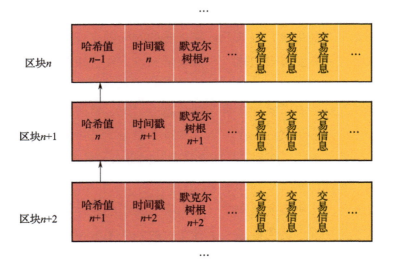

图 2-1　区块链的基本数据结构

2.2 区块链的特点

1. 去中心化

在解释去中心化之前,先来了解什么是中心化?中心化结构如图 2-2 所示,系统中所有的节点都与总服务器相连,节点之间的通信必须通过总服务器转达,一旦总服务器损坏,就会造成整个系统无法工作。

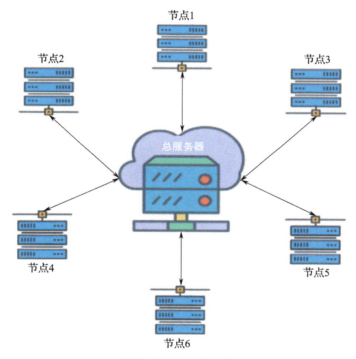

图 2-2 中心化结构

顾名思义,去中心化就是取消总服务器的设置,让节点与节点之间直接连接,如图 2-3 所示。

区块链最大的特性就是"去中心化",这意味着:数据的存储、更新维护、操作等过程都将基于"分布式账本",而不再基于"中心化结构"的总服务器。这样一来,就可以避免"中心化机构"带来的种种不良后果,解决现实生活中遇到的许多困扰,比如说：中心化服务器宕机，被黑客攻击，或者中心化机构不可靠等问题。

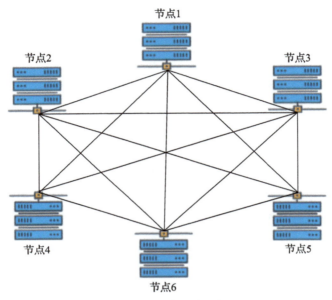

图 2-3　去中心化结构

2. 数据不可篡改

区块链上的内容都需要采用密码学原理进行复杂的运算之后才能够记录上链，而且在区块链上，后一个区块的内容会包含前一个区块的内容，这就使得信息篡改的难度非常大、成本非常高，这就是区块链不可篡改的特性。

区块链不可篡改的特性，意味着一旦数据被写入区块链，任何人都无法擅自更改数据信息。这一特性使得区块链适用于多个领域，比如：公益慈善领域中的钱款监督，审计领域的效率提升、版权保护、教育领域中的学历信息认证等。

3. 交易可追溯

区块链是一个"块链式数据"结构，类似于一条环环相扣的"铁链"，下一环的内容包含上一环的内容，链上的信息依据时间顺序环环相扣，这就使得区块链上的任意一条数据都可以通过"块链式数据结构"追溯到其本源，这就是区块链的可追溯性。

这一特性的应用领域非常广泛，除了公共事业、审计领域的效率提升、版权保护、医疗、学历认证等，还有一个重要的应用就是供应链。在基于区块链的供应链生态系统中，产品从最初生产的那一刻便记录在区块链上，之后的运输、销售、监管信息也都会记录在区块链上，如图 2-4 所示。一旦发生问题，就可以往前追溯，看一看到底是哪个环节出了问题。

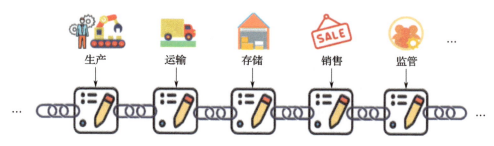

图 2-4 基于区块链的供应链生态系统

4. 隐私安全有保障

由于节点间无须互相信任，节点间无须公开身份，这为区块链系统保护隐私提供了基础。在区块链系统中，采用公私钥机制对用户身份进行加密，每个用户拥有一个唯一的私钥，并对应一个公钥，而公钥作为交易时用户的身份证明，区块链只记录某个私钥的持有者进行了哪些交易，至于这个私钥为哪个用户持有以及私钥与公钥的对应关系，区块链是不知道的。参与交易的双方通过地址传递信息，即便获取了全部的区块信息，也无法知道参与交易的双方到底是谁，只有掌握了私钥的人才知道自己进行的是哪些交易。

5. 系统的高可靠性

区块链系统由所有的节点共同参与维护，也就是说，即使其中某个节点发生了故障，也不影响整个系统的正常运转。系统中的每个节点都拥有完整的数据库拷贝，修改单个节点的数据是无效的，因为系统会自动比较，将数据相同次数最多的记录判为真。

6. 民主性

区块链"去中心化"的特性决定了在区块链的世界里，没有一个"中心化"的权威机构，这就使得区块链具备高度的民主。区块链采用协商一致的机制，即"共识机制"，基于节点的投票、信任，使整个系统中的所有节点都能在这个系统中自由安全地存储数据、更新数据。投票、信任、协商，这些都属于"民主"范畴。从这个角度上看，区块链的"民主性"有望打破现有的生产关系，即在区块链生态系统中，维护系统的权力被广泛分布到节点手里，各个节点都是平等的，基于投票产生的共识和信任，在系统里面发挥自己的作用，为系统做出贡献并以此来获取奖励。

微课8　微课9　微课10　微课11

2.3 区块链的分类

可以从不同的角度对区块链进行分类。按照网络范围分类，可以分为公有链、私有链、联盟链；按照部署环境分类，可以分为主链、侧链；按照应用范围分类，可以分为基础链和行业链。表 2-1 对区块链类型做了简单的解释。还有一些不太常用的分类方式，这里就不一一列举了。

表 2-1　区块链常见分类方式

分类指标	类型名称	特征	典型案例
网络范围	公有链	系统最为开放，任何人都可以参与区块链数据的维护和读取，容易部署应用程序，完全去中心化，不受任何机构控制	比特币（BTC）、以太坊（ETH）
	私有链	系统半开放，需要注册许可才能访问	R3 联盟、原本链
	联盟链	系统最为封闭，仅限企业、国家机构或者单独个体内部使用，不完全能够解决信任问题，但是可以改善可审计性	超级账本
部署环境	主链	正式上线的、独立的区块链网络	比特币（BTC）、以太坊（ETH）
	侧链	并不会特指某个区块链，是遵守侧链协议的所有区块链的统称。侧链旨在实现双向锚定，让某种加密货币在主链以及侧链之间互相"转移"	Mixin Network
应用范围	基础链	提供底层的且通用的各类开发协议和工具，方便开发者在其上快速开发出各种 DApp 的一种区块链，一般以公有链为主	以太坊（ETH）、商用分布式设计区块链操作系统（EOS）
	行业链	为某些行业特别定制的基础协议和工具	比原链（BTM）

> **小贴士**
>
> 侧链本身也可以理解为一条主链，而如果一条主链符合侧链协议，它也可以被叫作侧链。如图 2-5 所示，主链和侧链如同主城和卫星城的关系，彼此之间是独立运转的系统，但又彼此互通有无。

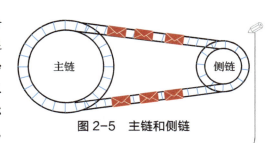

图 2-5　主链和侧链

目前，使用最多的分类方式是按照网络范围进行分类，下面进行详细介绍。

2.3.1 公有链

公有链（Public blockchain）是一种共享的、可信的、可控的分布式账本技术，是指全世界任何人都可读取，发送交易并获得有效确认的共识区块链，如图2-6所示。它使用密码学和数字签名确保只有授权的参与者可以参与交易，并且交易不能被篡改。它使用一种称为共识机制的算法来确保所有节点都能够达成一致，从而确保网络的安全性和可靠性。

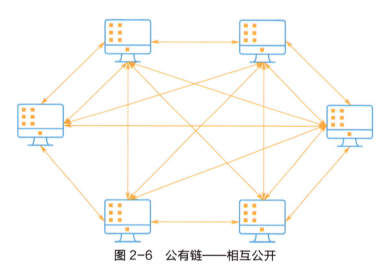

图2-6 公有链——相互公开

1. 公有链存在的问题

（1）效率问题　现有的各类共识机制，如比特币的PoW机制、以太坊的PoS机制，都存在产生区块效率较低的问题。在公有链中，区块链的传递需要花费一定的时间，但每个区块都需要等待若干个后续区块生成后，才能被视为达成安全水平。瑞士的区块链研究人员通过实验得出：在同等30%的算力和达到安全水平的前提下，比特币需要生成6个后续区块，而以太坊需要生成37个后续区块，这大约需要花费1个小时，显然这个时长无法满足大多数企业的应用需求。

（2）隐私问题　公有链上传输和存储的数据都是公开可见的，仅通过"伪匿名"的方式对交易双方进行一定的隐私保护。对于某些涉及大量商业机密和利益的业务场景来说，可以通过分析交易记录来获取相关信息，数据的暴露不符合业务规则和监管要求。例如，在银行交易中，所有的客户都是实名制的，如果采用公有链，每个人的交易信息均对所有人可见，这将造成人们的恐慌。

（3）激励问题　为促使全节点提供资源，自发维护整个网络，公有链系统会设计激励机制，以保证公有链系统持续健康运行。现有的激励机制大多需要发行代币（即电子虚拟货币），这并不一定符合各个国家的监管政策。

（4）最终确定性（Finality）问题　交易的最终确定性指特定的某笔交易是否会最终被包含进区块链中。PoW等公有链共识算法无法提供最终确定性，只能保证一定概率的近似，如在比特币中，一笔交易在经过2个小时后可达到的最终确定性为99.9999%，这对现有工商业应用和法律环境来说可用性较差。

（5）安全风险　包括来自外部实体的攻击，例如分布式拒绝服务攻击（Distributed Denial of Service，DDoS）等；来自内部参与者的攻击，例如冒名攻击（Sybil Attack）、共谋攻击（Collusion Attack）等；以及组件的失效、算力攻击等。

2. 典型的公有链平台

公有链运用范围广泛，这里介绍几个典型的公有链平台。

（1）以太坊（Ethereum，ETH）　这是一个开源的智能合约功能的公共区块链平台，通过其专用加密货币——以太币提供去中心化的以太虚拟机来处理点对点合约。以太坊由程序员维塔利克·布特林（Vitalik Buterin）在2013—2014年间首次提出，发布时定位为"下一代加密数字货币与去中心化应用平台"。以太坊的白皮书中写道，以太坊的创建目的是提供一种用于构建去中心化应用程序（DApp）的替代协议，一套他们认为对大量DApp有用的权衡方案。

以太坊的设计思路类似于高速公路。在这条收费高速公路上，车辆行驶需要付费。它早期募集资金，建设"高速公路"，早期投资者享有"高速公路"的主要权益。之后，一起建设与维护"高速公路"的节点也可以获得交易费收益与奖励。

（2）商用分布式设计区块链操作系统（Enterprise Operation System，EOS）　这是按商用分布式应用设计的一款区块链操作系统，是由Block.one公司开发的一个新的区块链软件系统，它的目标是将一切去中心化。

EOS的设计思路则类似于房地产开发。土地持有者将土地卖出，开发商在购买土地后进行二次开发，开发商对所购土地拥有所有权，其他人若想使用这些土地，需从开发商手中购买或租赁。

（3）Solana　该公司创立于2017年，总部位于瑞士日内瓦，它致力于成为一条根据摩尔定律扩容、为大规模应用提供高性能和低费用的公有链。凭借令人难以置信的速度和低廉的交易成本，Solana成为了2021最热门的公有链之一。Solana的开发旨在解决"创建一个快速且可扩展的网络，同时不影响其安全性和去中心化"的困境。

Solana 在区块链世界中是"异类"的存在。因为它采用跟传统区块链不同的时钟机制,传统区块链如以太坊等,将时间和状态耦合在一起,只有新区块诞生才能产生全局一致的状态。而 Solana 则提供了全局可用的时钟,它将基于哈希的时间链与状态更新解耦,不是将每个区块的哈希链接在一起,而是网络中验证者持续在区块内对这些哈希本身进行哈希。这种机制称为 PoH(Proof of History)。

2.3.2 私有链

私有链(Private blockchain)是相对公有链的一个概念,"私有"指的是某个区块链的权限仅被个人或组织掌握,不对外公开,仅限内部使用。私有链具有完善的权限管理体系,使用者必须进行身份验证,如图 2-7 所示。

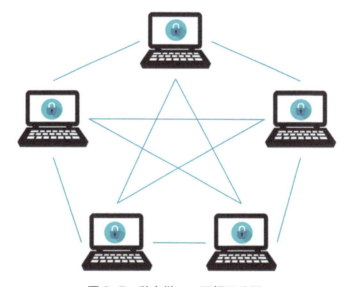

图 2-7 私有链——不相互公开

1. 私有链的特点

(1)交易速度快 私有链的节点都具有较高的信任度,在进行交易时不需要对每个节点都进行验证,私有链的交易速度差不多到达了常规数据库的速度,超过了其他任何类型的区块链。节点间发生故障时会迅速通过人工干预修复,并允许使用共识算法减少区块时间,也加快了交易的完成。

(2)隐私保护好 私有链上访问权限被严格控制,在没有权限的情况下,任何人无法获得区块链上的个人数据。私有链可充分利用组织内部已有的安全防护机制,更好地保护数据隐私。

（3）交易成本低　在私有链上完成交易十分廉价甚至完全免费。在私有链系统中，节点之间不需要完全的协议，而是通过引入一个实体机构控制和处理交易，从而降低私有链工作费用。

2. 私有链的应用场景

私有链有两个重要的应用场景，一是充当公有链或联盟链的区块功能验证，另一个是企业内部的审计管理等。私有链能够防止机构内单节点故意隐瞒或篡改数据。即使发生错误，也能够很快就发现源头，这也是许多大型企业选用私有链的重要原因。例如银行，采用区块链技术提升业务的准确性和业务的清算效率，由自己内部控制私钥和全部节点，在数据清算和总结的过程中，数据的有效性得到了很大的保障。

> **案例**
>
> **制订区域营销计划**
>
> 传统大型制造公司在全国各城市都有分公司，如果采用私有链的方式，将总部链上的权限下发给各个城市办事处负责人，那么在营销过程中，各个城市办事处的提货数量和分销路径就会展示出来，企业就能够有效地找到窜货地区，合理地维护区域经销商的权益，各分公司的财务情况也会更加透明。在这样的数据基础上来制订区域营销规划，一方面可以清晰地了解产品的流向，减少压货和资源浪费；另一方面可以增强公司内部组织的透明度，强化品牌传播。
>
> 注：窜货指不顾相关协议，对产品进行跨区域的降价销售，导致市场上产品价格混乱。

2.3.3 联盟链

联盟链（Consortium blockchain）是指由多个机构共同参与管理的区块链，每个组织或机构管理一个或多个节点，其数据只允许系统内不同的机构进行读写和发送，并且共同记录交易数据，如图 2-8 所示。

联盟链介于公有链和私有链之间。换句话说，联盟链其实就是由多个私有链组成的集群，联盟链的各个节点通常有与之对应的实体机构组织，通过授权后才能加入与退出网络。各机构组织组成利益相关的联盟，共同维护区块链的健康运转。

1. 联盟链的主要特点

（1）效率比公有链更高　联盟链参与方互相知道彼此在现实世界的身份，支持

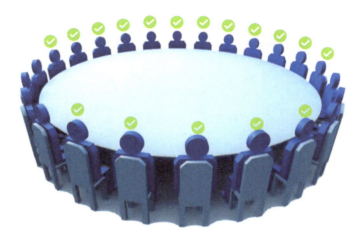

图 2-8　联盟链——半数以上同意

完整的成员服务管理机制。成员服务模块提供成员管理的框架，定义了参与者身份及验证管理规则。在一定的时间内，参与方个数确定且节点数量远远小于公有链，对于要共同实现的业务在线下已经达成一致理解，因此联盟链的共识算法 PBFT 较比特币 PoW 的共识算法约束变少，运行效率变高，可以实现毫秒级确认，吞吐率有极大提升（几百到几万 TPS）。

（2）安全隐私保护更好　数据仅在联盟成员内开放，非联盟成员无法访问联盟链内的数据。即使在同一个联盟内，不同业务之间的数据也进行一定的隔离，例如 Hyperledger Fabric 是一个提供分布式账本解决方案的平台，它的通道（Channel）机制将不同业务的区块链进行隔离，其 1.2 版本中推出的私有数据集合（Private Data Collection）特性支持对私有数据的加密保护。不同的厂商又做了大量的隐私保护增强，例如华为公有云区块链服务（Blockchain Service，BCS）提供了同态加密，对交易金额信息进行保护，通过零知识证明对交易参与方身份进行保护等。

（3）不需要代币激励　联盟链中的参与方为了共同的业务收益而共同配合，因此有各自贡献算力、存储、网络的动力，一般不需要通过额外的代币进行激励。

2. 典型的联盟链平台

（1）超级账本（Hyperledger）　这是由 Linux 基金会在 2015 年发起的推进区块链数字技术和交易验证的开源项目，旨在推动区块链的跨行业应用，首批成员有荷兰银行、埃森哲等十几个不同利益体，随着时间的推移，越来越多的公司加入了该项目，覆盖了金融、银行、物联网、供应链、制造和技术领域等众多行业，如图 2-9 所示。超级账本集多项目及多方参与者于一身，已孵化出多个商用区块链和分布式账本技术，包括 Hyperledger Fabric、Hyperledger Burrow、Hyperledger Iroha、Hyperledger Indy、Hyperledger Quilt、Hyperledger Cello 和 Hyperledger Sawtooth 等。

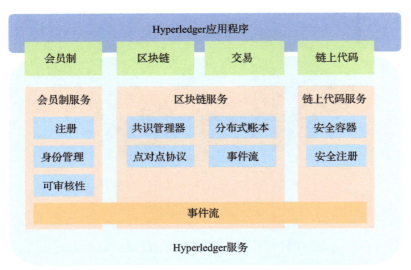

图 2-9　超级账本（Hyperledger）的逻辑架构

（2）中国分布式总账基础协议联盟（China Ledger）　这是我国第一个由大型金融机构、金融基础设施以及技术服务公司共同发起设立的分布式账本联盟，2016 年 4 月 19 日由中证机构间报价系统股份有限公司、中钞信用卡产业发展有限公司北京智能卡技术研究院、浙江股权交易中心、万向区块链实验室等 11 家机构共同发起。China Ledger 旨在为金融领域应用分布式账本技术提供符合中国国情、适应中国法律与监管需要的基础平台。相对于其他分布式账本平台而言，China Ledger 的设计充分考虑了金融主战场的核心需求和中国金融监管的要求。

2.3.4　三大类型区块链的核心区别

三大类型区块链的核心区别在于访问权限的开放程度，或者叫去中心化程度。本质上，联盟链也属于私有链，只是私有的程度不同。一般来说，去中心化程度越高，信任和安全程度越高，交易效率则越低。

随着应用场景的需求更复杂，区块链技术变得越来越复杂，无论是公有链、联盟链还是私有链，都没有绝对的优劣，往往需要根据不同的场景来选择合适的区块链类型。

2.4 区块链系统的架构

区块链的系统架构分为 6 层，即数据层、网络层、共识层、激励层、合约层和应用层，如图 2-10 所示。每层都有各自负责的功能，各司其职，相互配合，实现一个去中心化的信任机制。

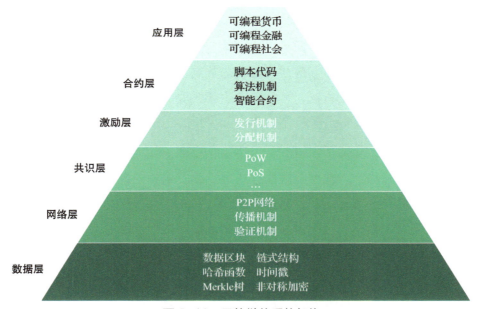

图 2-10 区块链的系统架构

1. 数据层

数据层负责数据存储。区块链中通过区块来保存数据，区块链的第一个区块由系统自动创建，我们将这个区块称为"领头羊"，后续创建出来的区块，通过验证后才会被添加到"领头羊"后，所有区块依次相连组成一条链。随着添加的区块不断增加，这条链也会被不断延长。在每个数据区块中，通过多种技术来实现功能，例如，时间戳技术负责每个区块按时间顺序相连，哈希函数保证交易信息不被篡改。

2. 网络层

网络层负责节点之间的信息交流，主要包括点对点（P2P）网络机制、数据传播和验证机制。在节点创建出新的区块时，会通过网络层通知其他节点，所有的节点都要对这个区块进行验证，只有半数以上的节点验证通过，该区块才会被添加到链上。节点之间采用点对点的方式进行通信，即使有节点出现故障，也不会影响其他节点之间的通信。

3. 共识层

共识层负责节点之间共识的达成。在区块链系统中，所有的节点共同维护一条区块链，而每一个节点都可以创建新的区块，到底由哪个节点向链中添加新区块，这需要所有节点间达成一致。为了更高效地解决这个问题，共识层中会采用共识机制，常用的共识机制有工作量证明（PoW）、权益证明（PoS）、股份授权证明（DPoS）等。

4. 激励层

激励层负责提供激励机制，即为了让节点更加积极地参与区块链的工作以确保整个系统的安全运行，对于取得新区块添加权的节点，会给予一定的奖励。以比特币为例，比特币设立了两种激励机制，一种是产生新区块的系统奖励，即发行机制，另一种是每次交易的手续费，即分配机制。

5. 合约层

合约层负责各种脚本、程序和智能合约等封装。例如，智能合约是区块链的一些脚本，区块链上的各种交易会触发对应的脚本。触发后，该脚本就可以从区块链读取数据或向区块链写入数据，甚至去触发其他脚本协同工作。通过这种方式，可以使用程序算法来替换人员去仲裁和执行合同，为用户节省巨大的信任成本。

6. 应用层

应用层负责区块链的各种应用和场景的封装，比如3种可编程应用类型，即可编程货币、可编程金融及可编程社会，以及将在第6章讲到的各种应用。

思考与练习

【单选题】

1. 关于最长的链说法错误的是（　　）。
   A. 节点永远认为最长链是正确的区块链，并将持续在它上面延长
   B. 矿工都在最长链上挖矿，有利于区块链账本的唯一性
   C. 如果给你转账的比特币交易不记录在最长链上，你将有可能面临财产损失
   D. 最长的链不一定是正确的链

2. 区块链的技术分类不包括（　　）。
   A. 公有链　　　　　　　B. 数字链
   C. 联盟链　　　　　　　D. 私有链

3. 关于区块链系统，描述错误的是（　　）。
   A. 系统中各个计算器之间是分隔开的
   B. 分布式架构
   C. 各个计算机之间互联
   D. 能实现多个节点"共记一本账"

4. （　　）代表用户在区块链里的身份，只能自己知道。
   A. 公钥　　　　　　　　B. 私钥
   C. 共识算法　　　　　　D. 账户

【问答题】

1. 区块链的定义是什么？
2. 区块链有哪些特点？
3. 区块链的基础技术架构分为哪几层？

第 3 章
区块链的技术原理

从技术角度出发,区块链可以理解为运用了分布式系统、P2P 网络、数据库、智能合约等技术的新型分布式账本,具有透明、内容难篡改的属性。本章将从分布式账本出发,逐一介绍区块链的技术。

区块链概论

知识目标

- 了解分布式账本的定义,能阐述分布式账本的记账方式。
- 了解区块链的密码学原理,能列举常用的密码学技术。
- 掌握智能合约的概念和特点,能解释智能合约的运行过程。
- 了解共识问题的产生,能区分不同的共识机制。
- 了解点对点网络架构,掌握其构建流程。

科普素养目标

- 通过学习区块链密码学技术,增强网络信息安全意识。
- 通过学习共识机制,增强团队合作能力。

3.1.1 分布式账本的定义

分布式账本（Distributed Ledger），也称共享账本，是一种可在网络成员之间共享、复制和同步的数据库。分布式账本记录网络参与者之间的交易，比如资产或数据的交换。这项技术解决了当前市场基础设施效率极低和成本高昂的问题，通过广泛的应用场景去提高生产力。

与分布式账本相对的是"中心账本"，两者的区别在于交易的记录方式，如图3-1所示，中心账本只有一个总账本，所有的交易都记录在这个总账本中；而分布式账本不存在总账本，每个用户手中都有一个账本，且能同步记录所有的交易信息。

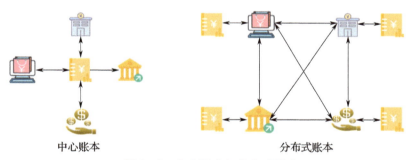

图3-1　中心账本与分布式账本

案例

分布式账本的好处

分布式账本有什么好处呢？如图3-2所示，女孩叫小美，男孩叫小帅，这天，小帅想要去给汽车加油，但没有带钱，就找他的朋友小美借钱，小美刚好有500元，就借给了小帅，此时，路人甲、乙、丙从旁边经过听到了这个消息，并默默地在心中记下了"小美借给了小帅500元钱"。这笔交易没有借贷协议和收据，但也不怕小帅反口说不欠小美钱，因为知情人不止当事人小美和小帅，还有旁边的路人甲、乙、丙。

如果我们将得知交易的过程比作记账，此时，每个人手里都有一个账本，在交易产生时，会被记录到每个账本中，即使有账本损坏或有人不认账，也不影响这笔交易被记录。

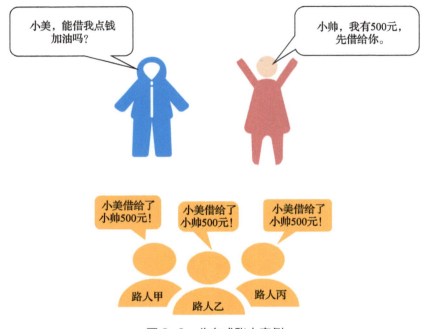

图 3-2　分布式账本案例

3.1.2　分布式账本的记账方式

每产生一笔交易就要记账。在现实生活中，这项工作由会计负责；而在加密货币的世界中，由"矿工"负责。无论是会计还是"矿工"，都需要给其支付工资。传统记账的方式依赖于流水账本，最开始通过人工记录，后改为电脑记录，随之产生了财务、核算等工作岗位。记账对任何公司来说都是极其重要的，不能乱记，也不能乱改，且传统记账方式中容易出现漏账、假账等情况。针对这些情况，很多公司设立会计和出纳两个岗位，会计管账（账务核算，财务管理），出纳管钱（日常资金收支，银行票据保管），两个职位由不同的人担任，相互制约，保证账目的真实性。但当两者合谋时，账目还是会出现安全问题。还有一些中小型企业会引入第三方审计平台作为监督，通过双方的合作来完成记账，相当于在财务系统上添加了一个防火墙。但第三方的记账模式也会产生一些问题，比如说服务费用的问题、记账"独立性"的问题。

分布式记账就可以很好地解决传统记账中出现的诸多问题。首先，分布式记账是全员记账，尽管系统用户之间没有任何关系，但系统中发生的每一笔交易，所有用户都可以看到交易的全过程，因此可以避免错账的可能。其次，分布式记账设立了激励机制，只要是参与了记账的用户，都能获得系统的奖励。这可以解决第三方记账带来的安全隐患问题。最后，分布式记账与整个系统都密切相关，有别于传统记账的单一部门负责制，全员参与营造一个完全公开透明的社区生态，也能促进系统的发展。

3.2 区块链密码学

3.2.1 无所不在的哈希函数（Hash Function）

1. 哈希函数的内涵及特点

哈希函数是密码学中至关重要的一部分，等同于微积分在高等数学中的重要性。哈希函数奠定了密码学在区块链发展的技术基础。

哈希函数，也称为散列函数，指将哈希表中元素的关键键值映射为元素存储位置的函数。

哈希函数在计算机系统中经常出现，一般用于快速对内容进行索引。密码学哈希函数则在普通的哈希函数的基础上多了一些特性，以用于校验数据是否被篡改。哈希函数具有以下特点。

1）逆向困难：从哈希输出无法倒推输入的原始数值。这是哈希函数安全性的基础。

2）输入敏感：对输入数据敏感，哪怕改动非常微小，得到的哈希值也大不相同。

3）正向快速：单向哈希的计算很快，以此保证了加密或者验证的速度。

4）抗碰撞性：对于不同的输入可能得到相同的输出，这种现象称为碰撞。对于任意两个不同的数据块，其哈希值相同的可能性极小；对于一个给定的数据块，找到与其哈希值相同的数据块极为困难。

/ 案 例

理解哈希函数

为了帮助大家更好地理解哈希函数，我们设计了一个非常简单的伪哈希函数。

对于任何一个正整数 n，输出一个 4 位数 m，哈希函数如下。

```
1. a=n*n+31
2. b=a*a
3. m=b%10000
```

这个函数能对任意的正整数都输出固定长度的 4 位数。以最小的正整数 1 为例，计算过程如下：

```
n=1
a=1*1+31=32
b=32*32=1024
m=1024%10000=1024
```

对于正整数 1，输出的 4 位数为 1024。从哈希函数的特点来看这个函数，如下。

1）逆向困难：从 1 计算出 1024 很容易，但从 1024 推导出 1 却很难。

2）输入敏感：如果输入的是 10，计算出的结果就是 7161，和 1024 相比，每位数都发生了变化。

3）正向快速：输入通过函数计算可以非常快速地得到输出。

4）抗碰撞性：很难找出两个不同的输入得到相同的输出。

2. 常见的哈希函数

（1）MD 系列（Merkle-Damgård Construction） MD 系列哈希函数又称为压缩函数，虽然有很多种类，但是它们的核心区别在于压缩函数 f 的不同。它们在构造机制上是一样的，通过输入一个初始向量和一个信息段，然后根据不同算法设计的步数（step）反复通过 f，输出最后的哈希值。MD 系列最具代表性的是 MD4 和 MD5。

（2）SHA 系列（Secure Hash Algorithm） SHA 是美国国家标准与技术研究院（NIST）和美国国家安全局（NSA）设计的一种标准的哈希算法，主要适用于数字签名标准（Digital Signature Standard，DSS）里面定义的数字签名算法（Digital Signature Algorithm，DSA）。对于长度小于 264 位的消息，SHA1 会产生一个 160 位的消息摘要。该算法经过加密专家多年来的发展和改进已日益完善，并被广泛使用。

该算法的思想是接收一段明文，然后以一种不可逆的方式将它转换成一段（通常更小）密文，也可以理解为取一串输入码（称为预映射或信息），并把它们转化为长度较短、位数固定的输出序列，即散列值（也称为信息摘要或信息认证代码）的过程。散列函数值可以说是对明文的一种"指纹"或是"摘要"，所以对散列值的数字签名就可以视为对此明文的数字签名。

（3）国密算法　国密算法（SM3）是我国自主研发并推广应用的一种哈希函数，主要用于商用密码应用中的辅助数字签名和验证、消息认证码的生成与验证和随机数的生成。SM3 在结构上属于基本压缩函数迭代型的哈希函数。

3. 哈希函数的应用

因哈希函数的特性，其应用非常广泛，在区块链中的主要应用如下。

（1）哈希链（Hash Chain）　哈希链又称为散列链，由美国数学家莱斯利·兰伯特（Leslie Lamport）提出，用于一次性口令机制，后来被应用到微支付机制中。

为了保证数据的一致性，需要存储全文的哈希值。由于每次数据发生修改都会改变哈希值，所以每次修改都需要重新计算整个数据的哈希值，因而带来大量计算开销，如图 3-3 所示。

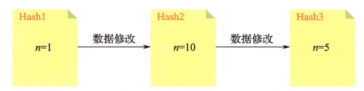

图 3-3　每次修改重新计算哈希值

为了节省计算成本，可仅保存修改的操作，即每次重新计算原有数据的哈希值以及新操作的哈希值。这样一来，整个记录就变成一个哈希链条的形式。当用户需要验证历史数据是否被篡改，他们将从历史数据出发，逐步验证到最新的哈希值，如图 3-4 所示。

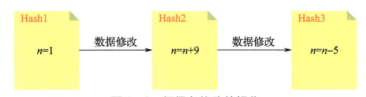

图 3-4　仅保存修改的操作

（2）默克尔树（Merkle Trees）　默克尔树由一个根节点、一些中间节点和一些叶节点组成，每个节点都标有一个数据块的加密哈希值。默克尔树可以用来验证任何一种在计算机中和计算机之间存储、处理和传输的数据；它们可以帮助确保在点对点网络中从其他对等体收到的数据块是原封不动地被收到的，且没有损坏，也没有改变。一个典型的默克尔树如图 3-5 所示。

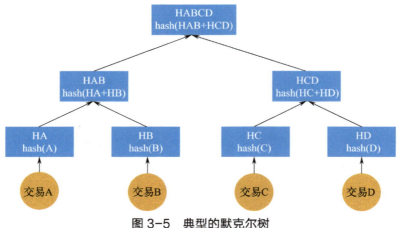

图 3-5 典型的默克尔树

1）默克尔树的特点主要包括如下方面。

- 默克尔树在数据结构上类似于哈希二叉树，它都具有树结构的所有特点。
- 默克尔树的叶节点的值是数据集合的单元数据或者单元数据哈希值。
- 非叶节点的值是根据它下面所有的叶子节点值，按照哈希算法计算而得出的。

2）默克尔树的典型应用场景如下。

- 快速比较大量数据：当两个默克尔树根相同时，意味着所代表的数据必然相同（哈希算法决定的）。
- 快速定位修改：例如，在图 3-5 中，如果交易 A 中数据被修改，会影响到 HA，HAB 和 HABCD。因此，沿着 Root → HAB → HA，可以快速定位到发生改变的交易 A。
- 零知识证明：例如，如何证明某个数据（交易 A……交易 D）中包括给定内容交易 A，此时可以构造一个默克尔树，公布交易 A，HAB，HCD，HABCD，交易 A 拥有者可以很容易检测交易 A 是否存在，但不知道其他内容。

相对于哈希列表，默克尔树的一个明显优点是可以单独拿出一个分支来（作为一个小树）对部分数据进行校验，这给很多使用场合带来了哈希列表所不能比拟的方便和高效。因此，默克尔树常用于分布式系统或分布式存储中。

为了保持数据一致，分布系统间数据需要同步，如果对机器上所有数据都进行比对的话，数据传输量就会很大，从而造成"网络拥挤"。为了解决这个问题，可以在每台机器上构造一棵默克尔树，在两台机器间进行数据比对时，从默克尔树的根节点开始进行比对,如果根节点一样,则表示两个副本目前是一致的,不再需要任何处理;如果不一样,则沿着哈希值不同的节点进行路径查询,这样很快就能定位到数据不一致的叶节点,只用把不一致的数据同步即可,从而大大节省比对时间以及数据的传输量。

在一个区块中,交易通过默克尔树的结构进行存储。它的好处在于当我们需要证明某个交易存在该区块时,不需要将所有数据进行哈希计算,仅需对部分数据进行哈希计算。如图 3-6 所示,如果需要寻找 Data3,只需对虚线部分进行哈希计算。

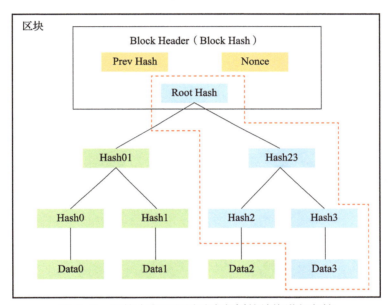

图 3-6 区块中交易通过默克尔树的结构进行存储

(3)工作量证明(Proof of Work,PoW) 工作量证明主要是通过计算难度值来决定谁来出块。PoW 的工作量是指方程式求解,谁先解出来,谁就有权利出块。也就是说,通过前一个区块的哈希值和随机值(nonce)来计算下一个区块的哈希值,谁先找到 nonce,谁就能最先计算出下一个区块的哈希值。这种解方程式的方式称为哈希碰撞,是概率事件,碰撞的次数越多,方程式求解的难度就会越大。

3.2.2 非对称加密

1. 对称加密 & 非对称加密

在了解非对称加密之前,先来说说对称加密,请阅读以下案例。

案例

邮件送达问题

在车马很慢的年代，男孩小帅想要给心爱的女孩小美写一封情书，但是他不希望这封信被别人看到，所以他在信封上加了一个火漆印用作保密，经过一站又一站的邮差送到小美手上。

如果他们处于现在的信息时代，小帅就不需要如此耗时耗力去送这封情书，他可以通过发邮件的方式，在发送邮件同时，将邮件的打开密码告诉小美。如此一来，就可以保证这封情书的唯一接收者是小美。这就是我们所说的对称加密。

简单来说，就是一把钥匙开一把锁。这种加密方式是非常常见的，比如我们常用的社交通信工具都可以通过这种方式进行加密，这大大提升了发送信息的便捷度与安全性。

但如果小帅将密码发给小美时，密码被别人用非常规手段截取了，那对方就可以轻松打开他的邮件，读取邮件的内容，这就无法达成小帅想要做到保密的目的。对称加密是把钥匙传输给对方，如果钥匙被盗了，信息也会被泄露。在用户私人信息经常被泄密的时代，对称加密方式的缺点显得越来越突出。

那么，在上述案例中，怎么样既可以将钥匙掌握在自己手里，又能安全地发送信息呢？非对称加密就是为了解决这一问题而生的。

非对称加密会产生两个东西，一个是公钥，一个是私钥。如图 3-7 所示，公开密钥与私有密钥是一对，如果用公开密钥对数据进行加密，只有用对应的私有密钥才能解密；如果用私有密钥对数据进行加密，那么只有用对应的公开密钥才能解密。

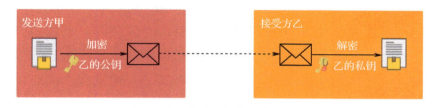

图 3-7　非对称加密解密过程

在上述案例中，如果小帅采用非对称加密的方式将情书发送给小美，那么过程如下。

首先，小美将她的公钥地址（也就是私人邮箱）告诉小帅，收到公钥后，小帅将写好的情书放进去（就是用公钥对信息进行加密后再发送出去），小美用她自己的私钥打开邮箱就可以了。

在这个过程中，非对称加密是如何保证更安全地发送信息呢？小帅收到的是一个只进不出的私人邮箱，而不是钥匙，信件放进去后就算被别人拿到公钥，他也一样打不开，因为私钥始终握在小美手里，只有小美能打开这个邮箱拿到信件。

如果小美把她的公钥给了小帅、小黑、阿张、大壮……等很多人，那么她怎么知道这封信到底是谁发给她的呢？首先，小帅会用自己的私钥加密生成一张邮票贴在信封上，小美收到信后想知道这封信是谁发出的，她一开始猜测是小黑发的，于是，她用小黑的公钥来解密邮票，一比对发现原来不是。小美接着再试下一个，一直试到小帅的公钥，小美比对后终于知道是谁给她发的情书了。

2. 非对称加密的工作流程

非对称加密工作流程如图 3-8 所示。

1）A 和 B 都要产生一对用于加密和解密的公钥和私钥。

2）A 和 B 相互交换公钥，私钥均掌握在自己手中。

3）当 A 要给 B 发送信息时，A 先用 B 的公钥加密信息，再用自己的私钥加密信息。

4）当 B 收到这个消息后，B 先用 A 的公钥解密，再用自己的私钥解密 A 的消息。其他所有收到这个报文的人都无法解密，因为只有 B 才同时拥有 A 的公钥和 B 的私钥。

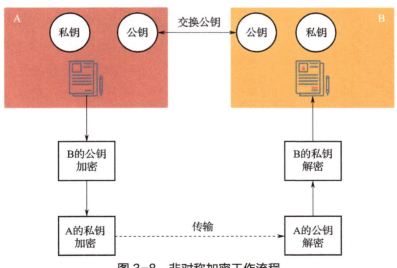

图 3-8 非对称加密工作流程

3. 常用的非对称加密算法

（1）RSA（RSA algorithm） 该算法由 RSA 公司发明，是一个支持变长密钥的公开密钥算法，需要加密的文件块的长度也是可变的，属于非对称加密算法。

（2）DSA（Digital Signature Algorithm） 数字签名算法是一种标准的 DSS（数字签名标准），严格来说不算加密算法。其算法标准，速度快，安全级别高。

（3）ECC（Elliptic Curves Cryptography） 椭圆曲线密码编码学也属于公开密钥算法。

这三种算法的比较见表 3-1。

表 3-1 常用非对称算法的比较

算法	成熟度	安全性	运算速度	资源消耗
RSA	高	高	慢	高
DSA	高	高	慢	只能用于数字签名
ECC	低	高	快	低（计算量小，存储空间占用小，带宽要求低）

3.2.3 数字签名

1. 数字签名的概念

数字签名（Digital Signature），又称公钥数字签名、电子签章，是一种类似写在纸上的普通的物理签名，但是使用了公钥加密领域的技术来实现的，可用于鉴别数字信息。一套数字签名通常定义两种互补的运算，一个用于签名，另一个用于验证。

类似于传统的手写签名，当要证明某段数据由某个用户发出时，需要附带一个可信的数字签名。为了保证该签名不可伪造和篡改，这里采用了非对称加密的反向应用。用户先用私钥对数据进行计算获得签名，其他用户则可以通过公开的公钥从签名恢复数据，进行比对验证。

数字签名在互联网中主要用于生成网站数字证书。为了提防钓鱼网站，网站一般绑定由权威机构签发的数字证书，证明该网站与某个公钥对应。浏览器可以通过验证该证书并要求对方发送数字签名来证实自己的身份，确保用户浏览的是正确的网站。

在去中心化的区块链中，没有平台机构让用户注册账户，用户均由自己创建账户，即需要自己生成公钥和私钥。当用户向对方转账时，需要在交易中写明对方的公钥所对应的地址。此外，用户还需要证明该交易确实为自己所发起，需要对交易数据进行数字签名。这样的好处在于，每个用户都可以自由地创建账户。由于可用空间巨大，两个用户创建相同的私钥的概率几乎为 0。但在另一方面，一旦用户的私钥丢失，区块链中不存在一个平台能帮助用户找回私钥，账号将不能再打开。

2. 数字签名的使用步骤

数字签名的使用一般涉及以下几个步骤。这些步骤既可由签名者完成，也可由被签署信息的接收者来完成。

1）用户生成或取得独一无二的加密密码组。

2）发件人在计算机上准备一个信息（如以电子邮件的形式）。

3）发件人用安全的哈希函数功能准备好"信息摘要"，数字签名由一个哈希函数结果值生成，该函数值由被签署的信息和一个给定的私人密码生成，并对其而言是独一无二的。为了确保哈希函数值的安全性，应该使通过任意信息和私人密码的组合而产生同样的数字签名的可能性为零。

4）发件人通过使用私人密码将信息摘要加密，私人密码通过使用一种数学算法被应用在信息摘要文本中。数字签名包含被加密的信息摘要。

5）发件人将数字签名附在信息之后。

6）发件人将数字签名和信息（加密或未加密）发送给电子收件人。

7）收件人使用发件人的公共密码确认发件人的电子签名，使用发件人的公共密码进行的认证证明信息排他性地来自于发件人。

8）收件人使用同样安全的哈希函数功能创建信息的"信息摘要"。

9）收件人比较两个信息摘要，假如两者相同，则收件人可以确信信息在签发后并未作任何改变，信息被签发后哪怕有一个字节的改变，收件人创建的数据摘要与发件人创建的数据摘要都会有所不同。

10）收件人从证明机构处获得认证证书（或者是通过信息发件人获得），这一证书用以确认发件人发出信息上的数字签名的真实性，证明机构在数字签名系统中是一个典型的受委托管理证明业务的第三方，该证书包含发件人的公共密码和姓名（以及其他可能的附加信息），由证明机构在其上进行数字签名。

其中，第 1）~ 6）条是数字签名的签名过程，第 7）~ 10）条是数字签名的验证过程。

3.3 智能合约

3.3.1 智能合约的概念

智能合约（Smart Contract）是一种旨在以信息化方式传播、验证或执行合同的计算机协议。智能合约允许在没有第三方的情况下进行可信交易，这些交易可追踪且不可逆转。区块链的去中心化和数据的防篡改的特点，决定了智能合约更加适合于在区块链上来实现。

智能合约事实上是由计算机代码构成的一段程序，其缔结过程是：第一步，参与缔约的双方或多方用户商定后将共同合意制定成一份智能合约；第二步，该智能合约通过区块链网络向全球各个区块链的支点广播并存储；第三步，构建成功的智能合约，等待条件达成后自动执行合约内容。

以自动售卖机的运行为例（在运行正常且货源充足的情况下），如下。

1）投入硬币；
2）选择需要的商品；
3）售卖机出货；
4）售卖机回归初识状态。

智能合约的流程与自动售卖机基本一致，如下。

1）制定合约：各方就条款达成一致，编写智能合约代码。
2）事件触发：事件触发合约的执行，比如有人发起交易。
3）价值转移：执行合约，根据预设条件，进行价值的转移。
4）清算结算：如果所涉及的资产是链上资产，则自动完成结算；如果是链下资产，则根据链下的清算更新账本。

3.3.2 智能合约的特点

1. 合约内容去信任化

智能合约将合约以数字化的形式写入到区块链中，合约内容公开透明、条理清晰且不可篡改。代码即法律（Code is law），交易者基于对代码的信任，可以在不信任环境下安心、安全地进行交易。

2. 合约内容不可篡改

以"if then"形式写入代码，例如，"如果 A 完成任务 1，那么，来自于 B 的付款会转给 A"。通过这样的协议，智能合约允许各种资产交易，每个合约被复制和存储在分布式账本中，所有信息都不能被篡改或破坏，数据加密确保参与者之间的完全匿名。

3. 经济、高效、无纠纷

相比传统合约经常会因为对合约条款理解的分歧而造成纠纷，智能合约通过计算语言很好地规避了分歧，几乎不会造成纠纷，达成共识的成本很低。在智能合约上，仲裁结果出来，立即执行生效。因此智能合约有经济、高效、无纠纷的优势。

3.3.3 智能合约的应用场景

如今，智能合约已在各种区块链网络中得以实施，其中最知名的便是比特币和以太坊。除此之外，智能合约在社会各界涉及亦颇广。

1. 自动执行性场景

智能合约的自动执行性使其可以在金融领域大展拳脚。例如，在银行贷款、个人信用卡等金融借贷事宜上，智能合约可以提前设置担保措施，在违约情况发生时将自动触发执行（例如自动解锁留置权，转移抵押物所有权等），从而有效地防止借款方跑路、恶意不还款等行为的发生。

2. 去中心化场景

智能合约加上区块链技术的去中心化的特点，可以大幅优化许多需中心主体参与的传统场景中的用户体验。例如，在传统场景中，就医后申请医保报销，或者车辆发生交通事故后申请保险理赔的过程中，需要申请人办理烦琐的申请手续，且多家中心化主体，如医院、社保部门、车辆管理处、商业保险机构都需要参与进来，花费大量的人力物力和时间成本来审核材料。智能合约可以将这种程序化的事宜化繁为简，各机构之间打通壁垒，实现必要的信息共享后，设置好报销或理赔条款的计算机代码并部署上链，进而自动执行，大大节省申请人和其他主体的成本。

3. 公信力场景

智能合约加上区块链技术无法撼动的可信任特点，可以为一些需要倚赖主体公信力的传统场景上一份"保险"。例如，第三方托管的监管金账户需要根据一定的指示进行放款或退回款项；信托的受托人需要根据委托人的指示来管理财产，在这些场景下，受托机构的公信力是委托人可以倚靠的重要基础。应用了智能合约之后，委托人的信任将多了一层保障，智能合约或是将受托人的处分权限制在一定范围内，或是在受托人的行为超过一定的边界时，触发某些提前预设的警戒条款等。

微课19　　微课20　　微课21

3.4 共识机制

3.4.1 共识问题的产生

案 例

拜占庭将军问题

拜占庭帝国的军队正在围攻一座城市，这支军队被分成了多支小分队，驻扎在城市周围的不同方位，每支小分队由一个将军领导。这些将军们彼此之间只能依靠信使传递消息（无法聚在一起开会）。每个将军在观察自己方位的敌情以后，会给出一个各自的行动建议（比如进攻或撤退），但最终需要将军们达成一致的作战计划并共同执行，否则就会被敌人各个击破。但是，在军队内有可能存在叛徒和敌军的间谍，他们会左右将军们的决定，又扰乱军队的整体秩序。这时候，在已知有成员谋反的情况下，其余忠诚的将军如何在不受叛徒的影响下如何达成一致的协议，这就是拜占庭将军问题。

基于拜占庭将军问题，现假设有三支军队，如图3-9所示，准备拟定攻城计划，三支军队的将军对此各自拟定计划（进攻或者撤退），并由信使负责消息的传递，最终通过"少数服从多数"原则来决定最终的决策方案。

图3-9　拜占庭将军问题

1. 全部忠诚情况

若三支军队的将军都是忠诚的，那么对于最终是发出进攻还是撤退的决策应当是一致的。在每个将军都能执行两种决策的情况下，共存在8种不同的场景，图3-10展示了其中一种情况，其他7种情况均可通过简单的推理得到。

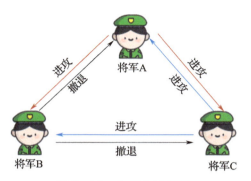

图 3-10 全部忠诚情况

将军 A 和将军 C 通过观察敌军军情并结合自身情况判断可以发起进攻，而将军 B 通过观察敌军军情并结合自身情况判断应该撤退。所以，将军 A 此时发起决策为进攻，将军 B 和将军 C 接收到的信息是进攻；将军 B 发起的决策为撤退，将军 A 和将军 C 接收到的信息为撤退；将军 C 发起的决策为进攻，将军 A 和将军 B 收到的信息为进攻。这时分别思考三位将军接收到的信息如下。

将军 A：自己进攻的决策 + 将军 B 的撤退决策 + 将军 C 的进攻决策，通过投票表决，进攻决策：撤退决策 =2：1，因此最终决策为进攻。

将军 B：自己撤退的决策 + 将军 A 的进攻决策 + 将军 C 的进攻决策，通过投票表决，进攻决策：撤退决策 =2：1，因此最终决策是进攻。

将军 C：自己进攻的决策 + 将军 B 的撤退决策 + 将军 A 的进攻决策，通过投票表决，进攻决策：撤退决策 =2：1，因此最终决策也是进攻。

但是，上述决策成功需要满足要求。

1）所有的将军都是忠诚的。

2）在上述的投票过程中，需要满足参与投票的将军个数为 $2n+1$，不然无法决定投票结果。

2."两忠一叛"情况

如果三个将军中有一个将军出现了问题，那么此时的情况又被变成如下的情况。

1）其中一个将军为叛徒。

2）其中一个将军的信使被间谍替换。

3）其中一个将军的信使中途被杀。

假设将军 C 叛变，那么此时产生的情况如图 3-11 所示。

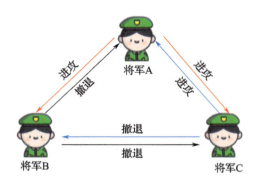

图 3-11 "两忠一叛"情况

将军 A 和将军 C 通过观察敌军军情并结合自身情况判断可以发起进攻,而将军 B 通过观察敌军军情并结合自身情况判断应该撤退。所以,将军 A 此时发起决策为进攻,将军 B 和将军 C 接收到的信息是进攻;将军 B 发起的决策为撤退,将军 A 和将军 C 接收到的信息为撤退;将军 C 发起的决策为进攻,但因为将军 C 叛变,传递的消息需要使得三位将军最终采取的决策不一致,所以将军 A 会收到进攻的消息,将军 B 收到的信息为撤退,这时分别思考三位将军接收到的信息如下。

将军 A:自己进攻的决策 + 将军 B 的撤退决策 + 将军 C 的进攻决策,通过投票表决,进攻决策:撤退决策 =2:1,因此最终决策为进攻。

将军 B:自己撤退的决策 + 将军 A 的进攻决策 + 将军 C 的撤退决策,通过投票表决,进攻决策:撤退决策 =1:2,因此最终决策为撤退。

将军 C:因为自己本身是叛军,当然在战场上肯定也是撤退。

这个时候三位将军采取的最终方案是不一致的,这样会导致将军 A 直接受到伏击被敌军歼灭。

3. 信使被劫情况

如果将军 C 的信使中途被劫,那么此时产生的情况如图 3-12 所示。

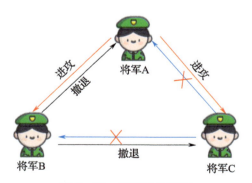

图 3-12 信使被劫情况

将军 A：只接收到将军 B 的撤退决策 + 自己攻击的决策，这个时候是无法进行决策。

将军 B：只接收到将军 A 的进攻决策 + 自己撤退的决策，这个时候也无法进行决策。

将军 C：接收到将军 A 的进攻决策 + 将军 B 的撤退决策 + 自己的攻击决策，通过投票表决，进攻决策：撤退决策 =2∶1，因此最终决策是进攻。

此时，三位将军最后做决策的时候将无法保证最终的决策一致性而采取相同的行动。

将上述案例中的"拜占庭将军问题"延伸到互联网生活中来，其内涵可概括为：在互联网大背景下，当需要与不熟悉的对方进行价值交换活动时，人们如何才能防止不会被其中的恶意破坏者欺骗、迷惑，导致做出错误的决策。

将"拜占庭将军问题"进一步延伸到技术领域中来，其内涵可概括为：在缺少可信任的中央节点和可信任的通道的情况下，分布在网络中的各个节点应如何达成共识。在中本聪发明比特币以前，世界上并没有一个非常完美的方法来解决"拜占庭将军问题"。究其根底，"拜占庭将军问题"最终想解决的是互联网交易、合作过程中的四个问题：

1）信息发送的身份追溯；

2）信息的私密性；

3）不可伪造的签名；

4）发送信息的规则。

"拜占庭将军问题"其实就是网络世界的模型化。我们将其翻译为分布式系统相关的术语，并对其进行阐述如下。

1）拜占庭将军：即分布式系统的服务节点。

2）忠诚的拜占庭将军：即分布式系统服务正常运作的服务节点。

3）叛变的拜占庭将军：出现故障并发送误导信息的服务节点。

4）信使被劫：服务节点之间出现通信故障，导致信息丢失。

5）信使被间谍替换：服务节点进行网络通信过程中，信息被黑客攻击，通信存在劫持以及信息伪造。

通过上述分析，可以将"拜占庭将军问题"转化成分布式系统问题，也就是，在分布式系统集群中，有三个服务节点 A、B、C，当向系统发起操作请求时，如有节点发生故障，或者节点在发送消息时中断，整个集群将无法对当前操作采取一致性的行动。这时考虑以下的场景（见图 3-13）：

首先，用户甲先向集群发起操作请求，当集群收到这个操作请求后，需要决定由节点 A、B、C 的哪一个来负责处理本次请求的操作，进行操作之后数据又如何同步到其他节点上，即集群节点如何对操作请求达成共识。

然后，用户乙向集群发起数据读取请求，此时读取到的数据应当是上一个操作之后的最新数据，也就是集群节点需要保证给到用户乙的数据是最新修改的数据，即服务节点的一致性问题。

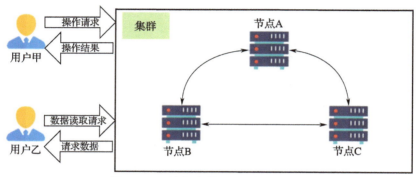

图 3-13　分布式共识与一致性区分

分布式系统中最核心的问题就是共识问题。那么，什么是共识问题呢？

简单来讲，在一个可能发生机器宕机、网络异常、数据篡改的环境下，为了让分布式系统中的所有节点快速准确地对某个数据值达成一致，且不会破坏整个系统的一致性，如图 3-14 所示，不同的进程 P0、P1、P2 分别输入一个数据值，然后通过执行程序来处理并交换输入值，保证最终输出的数据值都是 value，即不同进程的输入值通过相同的一套程序进行交换处理，输入数据，并最终都输出一致的数据。

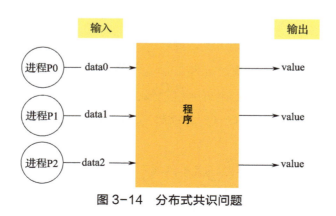

图 3-14　分布式共识问题

3.4.2 常用的共识机制

区块链作为一种按时间顺序存储数据的数据结构，可支持不同的共识机制。区块链上采用不同的共识机制，在满足一致性和有效性的同时，会对系统整体性能产生不同的影响。通常，主要从以下四个角度评价各共识机制。

1）安全性：是否可以防止二次支付、自私挖矿等攻击，是否有良好的容错能力。

2）扩展性：是否支持网络节点扩展。

3）性能效率：从交易达成共识被记录在区块链中至被最终确认的时间延迟，也即系统每秒可处理确认的交易数量。

4）资源消耗：在达成共识的过程中，系统所要耗费的计算资源的大小，包括CPU、内存等。

目前，主流的共识机制有工作量证明机制、权益证明机制、委托权益证明机制、实用拜占庭容错机制等。

1. 工作量证明机制

工作量证明（Proof of Work，PoW）机制是最早的共识算法，可以简单理解为一份证明，用来确认完成的工作量。其主要依赖机器进行数学运算，通过计算随机哈希散列的数值解来获取记账权。目前，采用该机制的有 BTC、BCH、LTC 等。

工作量证明机制的优点在于：

1）完全的去中心化，节点可以自由进出。

2）算法简单，容易实现。

3）节点间无须交换额外的信息即可达成共识。

4）安全性高，破坏系统需要投入极大的成本（要求全网 50% 节点出错）。

但工作量证明机制也存在一些缺点：

1）资源消耗大。

2）区块的确认时间较难缩短，且达成共识的周期较长，每次达成共识都需全网共同参与运算，不适合商用。

3）所需算力较大，新的区块链必须找到一种不同的散列算法，否则将会面临比特币的算力攻击。

4）难以达成最终一致性，容易产生分叉，需要等待多个确认。

> **案例**

记账权 1

A 班为了记录每天班级里发生的事情，设立了一个班级日志本（相当于区块链），班级里的每位同学都可以在班级日志本中记录事情（相当于记账），并且老师会给做记录的同学一个小奖励（相当于代币）。但是相同的事情只能由一位同学记录，如果有同学对班级日志中记录的事情有异议，提出要进行修改时，必须有 50% 以上的同学同意，否则不能进行修改。

今天 A 班因为表现优秀，学校发放了流动红旗，这件事情全班同学都知道，那么这件事该由谁来记录呢？老师发布了一个算术题，计算最快的那位同学将获得本次记账权（相当于工作量最大）。

2. 权益证明机制

权益证明（Proof of Stake，PoS）机制，又称为股权证明机制，是 PoW 的一种升级共识机制，主要解决 PoW 工作量计算浪费的问题。其本质是采用权益证明来代替 PoW 中的基于哈希算力的工作量证明，由系统中具有最高权益而非最高算力的节点获得区块记账权。具体而言，PoS 以特定数量的币与其最后一次交易的时间长度的乘积为币龄，每次交易都将消耗一定币龄，消耗币龄越多，"挖矿"难度越低，累计消耗币龄最多的区块将被加入主链，获得记账权。目前，采用该机制的有 ADA、ONT、ATOM 等。

PoS 避免了"挖矿"造成大量的资源浪费，并缩短了各个节点之间达成共识的时间。但仍需要"挖矿"，且基于哈希运算竞争获取记账权的方式，可监管性弱。

> **案例**

记账权 2

A 班在前述记账方式的前提下，对记账权的取得进行了一些调整。班级规定，每次月考前，持有奖励币最多且持有时间最长（其乘积相当于币龄）的同学，可以在班级日志本上记录班级发生的大小事件，并获得相应的奖励币。具体而言，若 A 同学在某月的月考前，持有奖励币最多，为 100 个，且持有时间最长，达 20 天，则 A 同学获得记账权，可以将 C 同学获得化学竞赛特等奖的消息记录在班级日志本上，并获得相应的奖励币（假设记账后的奖励为每年 5%，则奖励币 $=100×20×5\%/365=0.27$），这就是 PoS 的运作原理。

3. 委托权益证明机制

委托权益证明（Delegated Proof of Stake，DPoS）机制是 PoS 的一个演化版本，其类似于董事会投票，首先通过 PoS 选出代表，进而从代表中选出区块生成者并获得收益。简单来说，赋予每一个持币人以投票权，通过投票产生一定数量的代表（即超级节点），而后由这些被选出来的超级节点来代理持币人进行验证和记账，这些超级节点便能获得节点奖励。目前，采用该机制的有 EOS、TRX 等。

DPoS 大幅减少了参与验证和记账的节点数量，可以达到秒级的共识验证。但整个共识机制还是依赖于代币，而很多商业应用并不需要代币模式。

记账权 3

A 班的记账员小美和小帅同学因为要参加比赛，需要集训两个月，为了保证班级日志本的顺利记录，班级规定可以投票选择留在学校的同学代为记账，代为记账的同学可获得相应的奖励。也就是说，小美同学和小帅同学要参加集训，通过投票选择花花同学和贝贝同学代为记录，花花同学和贝贝同学记录下班级发生的大小事件，则可获得相应的奖励，这就是 DPoS 的运作原理。

4. 实用拜占庭容错机制

实用拜占庭容错（Practical Byzantine Fault Tolerance，PBFT）机制，主要研究在分布式系统中，如何在有错误节点的情况下，实现系统中所有正确节点对某个输入值达成一致。首先，由主节点发布包含待验证记录的预准备消息，各个节点收到预准备消息后进入准备阶段；然后，主节点向所有节点发送包含待验证记录的准备消息，各个节点收到准备信息后，需验证其正确性，并将正确记录保存后发送给其他节点；最后，待某一节点收到 2f（f 为失效节点）个不同节点发送的与其收到的预准备消息一致的正确记录时，该节点有权向其他节点广播确认消息并进入确认阶段，直至每个节点收到 2f+1 个确认消息，协议终止，各节点对该记录达成一致。

PBFT 的优点在于：

1）系统运转可以脱离币的存在，共识各节点由业务的参与方或者监管方组成，安全性与稳定性由业务相关方保证。

2）共识的时延为 2~5 秒，基本达到商用实时处理的要求。

3）共识效率高，可满足高频交易量的需求。

缺点在于：

1）当有 1/3 或以上记账人停止工作时，系统将无法提供服务。

2）当有 1/3 或以上记账人联合"作恶"，且其他所有的记账人被恰好分割为两个网络孤岛时，恶意记账人可以使系统出现分叉。

选举投票

PBFT 算法的原理与选举投票非常接近。A 班正在举行班长换届的选举。该班共 30 人，其中花花同学和小妹同学因事请假，实到 28 人，实到人数超过总人数的 2/3，可以开展选举。在场的每一个人都有投票权，在班主任的组织下完成了投票。通过统计，小帅同学获得 25 票，小溪同学 3 票，所以小帅同学当选该班的新班长。

总之，良好的共识机制可以提高系统性能，有利于区块链技术在理论和实践中的应用与发展。如表 3-2 所示，主流共识机制都有各自的特点和适用领域，需要进行不断的完善和创新。

表 3-2 共识机制对比表

共识机制	容错率	安全威胁	扩展性	性能效率	资源消耗
PoW	50%	算力集中	差	低	高
PoS	50%	候选人作弊	良好	较高	中
DPoS	50%	候选人作弊	良好	高	低
PBFT	33%	主节点故障	差	高	低

3.5 点对点网络

3.5.1 点对点网络的概念

点对点网络（Peer-to-Peer，P2P），又称对等式网络，是无中心服务器、依靠用户群交换信息的互联网体系，它的作用在于通过减少以往网路传输中的节点，来降低资料遗失的风险。下面先来阅读一个关于手机支付的案例，从中可以了解具有中心服务器的中央网络系统的优缺点，进而体会其与 P2P 网络的不同。

案 例

手机支付

如图 3-15 所示，当我们使用手机支付宝进行支付的时候，用户转钱给支付宝，支付宝再转给卖家。在这个过程中，支付宝充当中介的作用，解决买卖双方信息不对等和信任等问题。但是，当这个中心服务器受到攻击崩溃的时候，买卖双方的资产安全就会受到威胁。

图 3-15 手机支付流程

而在区块链的 P2P 传输网络中，每一个用户既是一个节点，也有服务器的功能，他们之间是平等的，整个网络中没有任何中心，网络中的任何两个点都可以进行数据传输。在这个过程中，点对点传输同时解决了信息不对等和信任问题。传统的互联网中心化节点的作用被区块链自身的系统和分散的节点所取代，因此，价值传递有望在用户和用户之间，节点和节点之间进行。这个过程就好比买家与卖家面对面交易。

3.5.2 点对点网络的三种类型

根据网络拓扑结构，我们可以将 P2P 网络归类，其中主要的三种类型是：非结构化对等网络，结构化对等网络以及混合式对等网络。

（1）**非结构化对等网络** 非结构化对等网络并不会展现节点的具体架构，参与者之间可以随意交流。这些系统都是耐高频活动的，也就是说几个节点频繁地进出该网络也不会对系统造成任何影响。虽然非结构化对等网络比较容易建立，但它却需要更强大的中央处理器和内存，因为搜索查询会发送给最多的对等点。

（2）**结构化对等网络** 不同于非结构化对等网络，结构化对等网络展现了一个组织架构，它可以让节点有效地搜索文件，即使该文件的内容没有被广泛使用。在大多数情况下，搜索是通过使用哈希函数来帮助数据库进行查找的。相对来说，结构化对等网络会更加高效，因其更能展现高层次的中央集权，但是结构化对等网络比较不耐受高频活动。

（3）**混合式对等网络** 混合对等网络结合了传统的主从式架构以及点对点架构的某些特征。例如，它可能会建立一个中心服务器来加速各点之间的结合。不同于上述两种模式，混合式对等网络倾向于呈现改良后的总体性能。它结合了各个方式的优点，同时实现了高效性和去中心化。

3.5.3 点对点网络架构

传统的网络服务器架构都是"客户端—服务器"（见图 3-16）的中心化模式，由中央服务器提供服务，各个客户端向服务器发起数据或操作请求。现在的"中央服

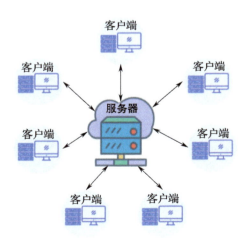

图 3-16 "客户端—服务器"架构

务器"通常是一个负载均衡器背后的服务器集群。"客户端—服务器"架构是一个中心化网络架构，完全取决于单一的参与方，一旦中央服务器宕机，服务就中止了。

而P2P网络（见图3-17）则是一种分布式网络架构，不存在中央服务器。每个节点都承担一部分该网络的负载。这就意味着每个节点都可以对网络发起请求，但也必须响应其他节点的请求。

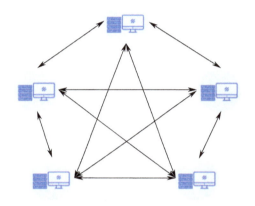

图3-17　P2P网络架构

由于节点间的数据传输不再依赖于中心服务节点，P2P网络具有以下特点。

（1）非中心化　P2P网络的优势在于它是非中心化的，网络中的资源和服务分散在所有节点上，信息的传输和服务的实现都直接在节点之间进行，可以无须中间环节和服务器的介入。

（2）可扩展性　P2P网络通常都是以自组织的方式建立起来的，并允许节点自由地加入和离开。在P2P网络中，理论上其可扩展性几乎可以认为是无限的。例如，在传统的通过中心化服务器下载的方式中，当下载用户增加之后，下载速度会变得越来越慢，然而P2P网络正好相反，加入的用户越多，P2P网络中提供的资源就越多，下载的速度反而越快。

（3）健壮性　P2P网络服务是分散在各个节点之间进行的，部分节点或网络遭到破坏时对其他部分的影响很小。P2P网络一般在部分节点失效时能够自动调整，保持其他节点的连通性。

思考与练习

【单选题】

1. PoW 的中文意思是什么？（　　）
   A. 权益证明　　　　　B. 股份授权证明
   C. 工作量证明　　　　D. 算力即权利

2. 拜占庭将军问题解决了哪些问题？（　　）
   A. 分布式通信　　　　B. 共识机制
   C. 内容加密　　　　　D. 领土纠纷

3. 下面关于智能合约的说法不正确的是（　　）。
   A. 一套承诺指的是合约参与方同意的权利和义务
   B. 一套数字形式的计算机刻度代码
   C. 智能合约是甲乙双方的口头承诺
   D. 智能合约是一套以数字形式定义的承诺，包含合约参与方可以在上面执行这些承诺的协议

4. 基于区块链的隐私平台，将个人数据存储在（　　）上，并让个人控制谁可以访问这些数据。
   A. Cookie　　　　　　B. 分布式账本
   C. 网盘　　　　　　　D. 个人电脑

5. EOS 使用的共识算法为（　　）。
   A. 工作证明算法　　　B. 股权证明算法
   C. 委任权益证明算法　D. 实用拜占庭容错算法

【问答题】

1. 区块链分类账与普通分类账有何不同？
2. 什么是共识算法？
3. 权益证明和工作证明有什么区别？

第 4 章
区块链的核心问题

随着智能合约的引入，区块链被赋予可编程特性，使其从加密数字货币领域的专有技术，拓展为面向制造、金融、教育、医疗等诸多垂直领域构建信任关系的关键技术。近几年，安全、隐私和性能已成为影响区块链持续发展的关注焦点与主要瓶颈。本章将从区块链性能、隐私保护、区块链安全和其他技术发展四个方面介绍区块链的核心问题。

区块链概论

知识目标

- 理解影响区块链性能的相关因素。
- 掌握区块链在隐私保护中的应用。
- 理解区块链存在的安全问题和安全保护机制。
- 了解区块链其他技术的发展和应用情况。

科普素养目标

- 通过学习区块链隐私保护机制,增强自我保护意识。
- 通过学习区块链安全保护机制,培养网络安全意识。
- 通过学习区块链的其他技术,激发科学创新精神。

4.1 区块链性能

1. 影响区块链性能的因素

与传统数据库相比,区块链在性能上存在诸多不足,具体体现在吞吐量、数据存储和可扩展性三个方面。

1)区块内的吞吐量远远低于传统支付系统,这极大限制了区块链在金融系统等高频交易场景中的应用。

2)全网存储的方式使得数据存储愈加困难,例如,比特币中完全同步自创世区块至今的全部历史数据大约每年增长 61.59GB;以太坊则大约每天以 2~3GB 的速度增长。

3)单链结构使得区块链系统的交易能力受限于单个节点,而共识机制也对区块链系统为适应交易增长而具有的动态扩展能力产生一定的影响。

在以比特币为代表的区块链 1.0 中,其性能制约因素可归纳为区块容量、广播通信和出块时间。一方面,在全网节点针对新区块达成共识前,区块需要历经封装、全网广播和验证等阶段。这些阶段涉及大量密码学运算和广播通信,所需时间随着区块容量增加而增长。另一方面,一些共识机制通过延长出块时间间隔来降低分叉概率,这也将影响区块链性能。

在以以太坊为代表的区块链 2.0 中,除区块容量、广播通信和出块时间外,智能合约执行时间也是制约区块链性能的因素。

在区块链 3.0 时代,区块链的应用领域覆盖到人类生活的方方面面,异构区块链之间的跨链交易执行、合约调用、共识形成等操作也会影响区块链性能。

2. 区块链性能优化方案

从性能制约因素角度出发,区块链性能优化方案可分为算法层面的提升和架构层面的改进。

(1)算法层面 在算法层面,主要从共识机制、对等网络和密码学等技术着手,通过提供高速的网络连接,采用减少广播的共识机制或更高性能的加密算法等方法来提升区块链性能。然而,此类优化方案无法解决区块链的可扩展性问题,导致性能提升有限。

（2）架构层面　在架构层面，主要采用可扩展性强的扩容技术。根据是否改变区块链架构，扩容技术可进一步分为第一层扩容技术和第二层扩容技术，也被称作"链上扩容"和"链下扩容"。

4.2 区块链隐私保护

隐私一般指个人、组织机构等不愿被披露的敏感数据信息或者数据所表征的特性，如个人的基本信息、位置信息、行为偏好等。如何保证区块链上用户身份和数据的机密性是区块链在实际应用中面临的重要问题。

4.2.1 区块链的隐私问题

区块链隐私问题到底有多严重？请看以下案例。

隐私泄露事件

2014年3月，日本最大的比特币交易平台MTGOX遭受分布式拒绝服务（Distributed Denial of Service，DDoS）攻击，交易所用户信息被泄露，85万枚比特币被盗走，经济损失超过4.8亿美元。2016年6月，当时区块链业界最大的众筹项目TheDAO（以太坊智能合约组成分布式自治组织）因软件中存在的"递归调用漏洞"问题丢失价值超过6000万美元的以太币。2016年，中国香港比特币交易所Bitfinex发生用户私钥泄漏事件，黑客总共盗走了高达7500万美元的比特币。

随着区块链技术的广泛应用，区块链面临的安全威胁和挑战也越来越多。区块链不依赖中心节点，诸如参与用户的地址和交易金额等交易记录常常在区块链上公开，便于节点验证、存储交易内容并达成共识，因此存在用户隐私泄露的风险。各个区块链节点的安全性能和对抗信息泄露的能力不一，这更增加了数据隐私泄露的风险。区块链中各种程序的缺陷也使区块链系统面临巨大的安全风险。下面分别从账户隐私、交易隐私、通信隐私三个维度介绍区块链面临的隐私问题。

1. 账户隐私

在现实生活中，区块链安全事件层出不穷。2018 年，IOTA 重大盗币事件的发生为区块链应用层的隐私性及安全性敲响了警钟，此次事件造成了 1140 万美元的损失。经调查发现，IOTA 为用户在线生成密钥的 Trinity 钱包插件存在漏洞，攻击者通过攻击 Trinity 钱包插件不断收集用户生成的密钥种子，结合分布式拒绝服务攻击阻止受害者收回资金。同时，被攻击者的账户身份信息及交易信息也被攻击者轻松获得，利用这些敏感信息，攻击者可以将区块链系统中的账户信息与现实生活中的用户身份信息进行关联，从而导致严重的隐私泄露问题。

2020 年 6 月，在交易过程中主要用于存储、管理和销售加密货币的加密钱包 Ledger 遭到窃取，100 万份 Ledger 客户个人信息的数据库在黑客论坛上被公布，这些被泄露的信息包括 Ledger 硬件钱包购买者的电子邮件、实际地址和电话号码等。

2. 交易隐私

交易隐私是指区块链交易业务中存储的资金、参与方以及关联性等隐私信息。在早期的区块链数字货币应用中，数字货币以交易链的形式从一个用户钱包转移至另一个用户钱包，交易记录公开于区块链系统中且不需要额外的保护措施，其所依赖的加密协议有效防止了双重支出问题。但区块链共享账本的公开性使攻击者可以借助数据分析技术跟踪用户交易流并窃取交易记录等数据。

而在数字网络不断发展的环境下，区块链的分布式系统架构使链上所有节点都拥有完整的交易记录副本，潜在攻击者可通过分析单个节点获取交易资金、交易参与方和交易关联性等隐私信息。

3. 通信隐私

区块链中的通信隐私主要涵盖各节点在通信过程中产生的隐私内容，包括通信数据内容与流量情况等。区块链通过中继转发模式进行通信，初始节点将相关信息转发给邻近节点，邻近节点再将信息传播给自己的邻近节点，依此类推，直到信息能够传播到网络中任一节点，区块链网络中传播的数据一般为明文数据，攻击者突破某个节点后可以直接读取其传播的各种信息。

此外，如果攻击者发现信息传播的始发节点，就能够通过始发节点的 IP 信息与其窃取到的交易信息进行关联，进而解码匿名地址信息，获取真实用户信息。

4.2.2 区块链的隐私保护机制

针对区块链面临的上述隐私威胁,结合区块链技术特性,下面从混币机制、信息隐藏机制、通道隔离机制三方面介绍区块链的隐私保护机制。

1. 混币机制

以使用匿名认证方式的比特币交易系统为例,基于对公开账本中交易特征的分析,可以推测出匿名用户的交易规律,从而发现用户身份信息和区块链地址之间的关联关系。因此,在区块链系统中若想更好地保护用户身份隐私,引入强力的身份隐藏技术手段便成为必然。

混币机制的工作原理如图4-1所示,作为区块链系统中实现用户身份隐藏的基本思想,通过在交易过程中加入中间环节对多笔交易进行混淆,从而增加攻击者的分析难度,达到保护用户身份隐私的目的。

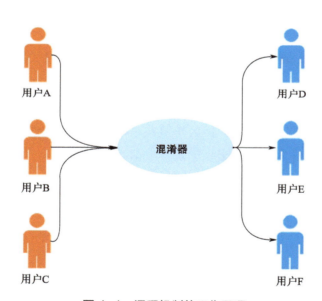

图4-1 混币机制的工作原理

混币机制在技术层面可分为三类,分别为协同混币技术、自主混币技术以及全局混币技术。①协同混币技术是指混币过程中需要第三方机构或非交易人的主动参与才能完成混淆过程。②自主混币技术是指交易方在混币过程中无须第三方中心机构和其他用户的参与即可自主完成混淆,门罗币是其典型代表。③全局混币技术则依赖于系统体系架构内生,更多采用"证明"来解决问题,零币是其典型代表。

2. 信息隐藏机制

针对区块链中交易隐私的泄露，相应的信息隐藏机制被提出。该机制通过对交易资金、交易参与方、交易关联性等交易信息进行加密隐藏处理，实现用户隐私信息的不可追溯，从而保障区块链中用户的隐私安全。目前信息隐藏机制主要有同态加密、零知识证明、环签名三种密码学技术。

（1）同态加密　同态加密（Homomorphic Encryption）是指将原始数据经过同态加密后，对得到的密文进行特定的运算，然后将计算结果进行同态解密后得到的明文，等价于原始明文数据直接进行相同计算所得到的数据结果。为了更好地说明同态加密，请看下面的案例。

同态加密

有个叫 Alice 的用户买了一大块金子，她想让工人把这块金子打造成一个项链。但是工人在打造的过程中有可能会偷金子。为了让工人可以对金块进行加工，但是不偷到任何金子。Alice 将金子锁在一个密闭的盒子里面，这个盒子安装了一个手套，工人可以戴着手套对盒子内部的金子进行处理。但是盒子是锁着的，所以工人不仅拿不到金块，连处理过程中掉下的金子都拿不到。加工完成后。Alice 拿回这个盒子，把锁打开，就得到了金子。这个盒子的样子如图 4-2 所示。

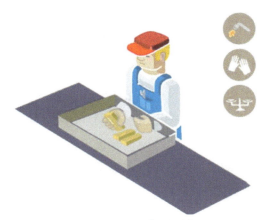

图 4-2　盒子设计

（2）零知识证明　密码学中，零知识证明（Zero-Knowledge Proof）或零知识协议（Zero-Knowledge Protocol）是一方（证明者）向另一方（检验者）证明某命题的方法，特点是过程中除"该命题为真"的事外，不能泄露任何信息。因此，可理解成

"零泄密证明"。例如，欲向人证明自己拥有某信息，直接公开该信息即可，但这样也会将该信息一并泄露；零知识证明的精粹在于，可以证明自己拥有该信息而不必透露信息内容。

（3）**环签名** 环签名是一种简化的群签名，环签名中只有环成员，没有管理者，不需要环成员间的合作，签名者利用自己的私钥和集合中其他成员的公钥就能独立签名，集合中的其他成员可能不知道自己被包含在其中。环签名的优势除了能够对签名者进行无条件匿名外，环中的其他成员也不能伪造真实签名者签名。环签名在强调匿名性的同时，还增加了审计监管的难度。由于环签名兼顾了认证功能和隐私保护功能，在发布机密、匿名举报、电子支付等应用场景中能发挥巨大的作用。另外，环签名在一些特殊情况下也非常有用，例如，即使在RSA被破解的情况下，环签名仍然可以保持匿名性。

3. 通道隔离机制

通道隔离机制是从网络层面对数据进行隔离，保护数据只对通道内节点可见。通过对账本进行隔离，每个节点只处理并存储自己所在通道的数据，防止攻击者访问数据，从而保护用户隐私。但是通道机制也有一定的缺陷，主要是在区块链网络中部署通道时，节点创建和进出通道需要修改网络配置，灵活性比较弱。

根据被隔离数据的存放位置，通道隔离技术可以分为链下通道隔离和多链通道隔离两大类。

（1）**链下通道隔离** 主要应用于高频的小额交易。该技术通过在区块链上记录起始的状态来创建通道，然后在链下进行交易，具体数据通过合约保证安全，但不在区块链上公布中间交易记录，需要中止交易的时候，再将最新的结束状态公布到区块链上，然后终止通道并销毁历史交易记录。

（2）**多链通道隔离** 该技术是在特定节点之间，构建独立的通信网络作为通道，每个网络的信息单独存放在对应的子账本中，非通道内节点不能访问，同一节点可以加入多条不同的通道。简而言之，多链通道隔离是通过在网络层面构建子网络，实现节点通信隔离，杜绝攻击者访问隐私信息，从而保护用户隐私。

4.3 区块链安全

区块链安全（Blockchain Security）是指当使用区块链技术保护信息及数字资产时，应当采取的安全措施。区块链是一种新兴技术，其安全和隐私措施还不完善，区块链的安全挑战被认为是最难应对的。

4.3.1 区块链的安全问题

1. 数据存储安全

典型的区块链系统与传统中心化系统和传统分布式系统不同，区块链系统中的节点须利用数据冗余来保证数据的不可篡改性，所以区块链网络中的各个节点均须备份所有存储数据。节点除了存储所有历史数据，还需要存储新增数据，此外节点可能存储同一数据的不同版本。随着时间的推移，区块链系统上数据的高度冗余给各个节点带来严重的内存负担。当区块链网络中需要存储的数据超过大部分节点的存储容量时，会降低恶意节点"作恶"的难度，无法保证区块链的不可篡改性和可靠性，这就可能给区块链系统带来安全问题。

因为区块链系统链上存储的成本远高于一般数据库，为了减少存储数据的冗余，区块链系统将部分数据存储在链下。随着区块链系统的发展，数据存储方式可以分为链上存储和链上链下协同存储两种方式。

（1）链上存储　早期的区块链系统的数据存储在底层数据库中，这种数据存储在底层数据库的方式称为链上存储，所有节点都需要存储这些数据。

区块链系统的数据存储在数据库系统内，比如比特币、以太坊和波卡等区块链系统利用键值数据存储数据库LevelDB。区块是数据存储的基本单位，区块一般存储交易数据的哈希值，而非存储原始交易数据。区块数据是被打包进该区块的一系列交易数据。只有区块链节点将接收到的交易数据收集、打包至区块中，并将区块在区块链网络中广播，达成大部分节点的共识，才能将该区块存入区块链上。这是数据上链的过程，所以只有达成共识后成功上链的数据才能够称为链上存储的数据。

数据存储在区块链系统中，负责数据持久化、数据编解码和数据存取访问任务。

为了能够有效地完成以上任务，区块链节点使用的方法是作为全节点存储完整的区块链数据。随着链上交易数据的不断增多和区块链应用场景的快速扩展，链上存储数据不断增多，存储数据形式更加多样，导致每个全节点的存储负担增加，同步全部数据的成本提高。若区块链系统中的所有节点都提供足够的存储空间来存储区块数据，则将极大地浪费存储空间，造成极大的数据冗余。因此解决区块链网络中节点的内存负担问题是非常重要的。

（2）链上链下协同存储　链上链下协同存储指的是区块链系统只存储用户上传数据的元数据，不存储完整数据，将完整数据存储在个别节点中。

引入链上链下协同存储，只要在节点上存储少量数据，消除了链上节点内存负担的问题。但是将原本完整的链上数据割离分别存储在链上和链下，在获取数据时可能存在数据完整性和数据可靠性问题。

数据完整性指获取数据时无法获取所需要的完整数据。比如，区块链系统指定节点 A 存储指定数据 C，如果节点 A 处于脱机状态，则另一节点 B 无法成功从节点 A 获取数据 C，可能造成单点故障问题。

数据可靠性指节点 A 成功从链下获取所需数据后，无法保证所需数据没有被修改或被篡改。

链上链下协同存储的关键是建立链上数据和链下数据之间的链接，可以考虑利用智能合约和分布式哈希表（Distributed Hash Table，DHT）建立数据索引。两者的区别在于智能合约定义了节点与数据的读取关系。DHT 是具有集中索引的存储位置网络，可以从索引信息获取任意数据的存储位置。

链上链下协同存储的优势在于存储位置可以存储完全数据，也可以仅存储一部分分布式数据。具体应用来看一个案例。

链上链下协同存储

全球端到端互联网性能评估项目——PingER（Ping End-to-end Reporting）设计基于区块链的数据存储框架。在该框架下，链上仅存储少量日常 PingER 文件的元数据来管理网络上的身份和访问控制，实际文件通过使用 DHT 链下存储在 PingER 监控代理（Monitoring Agent，MA）对等网络的多个位置上。该模型使用擦除编码（Erasure Coding，EC）对链下存储数据进行处理，当特定 MA 离线时，通过 EC 能够使网络上的其他存储位置的数据可用，保证数据的完整性。在将需要存储的文件上链时，会对所有存储文件进行哈希值处理，生成相应的默克尔树。默克尔根和文件的链下存储位置作为元数据的一部分存储在链上，保证了数据的可靠性。

2. 系统安全问题

系统安全问题是指区块链系统漏洞引起的安全问题。攻击者可以利用这些漏洞盗取数字货币，或是单纯地破坏区块链系统。系统安全是区块链安全的根本，主要包括共识算法安全、加密算法安全、智能合约安全和系统资源安全。据此，下面分析四种类型的攻击：51%攻击、加密算法攻击、智能合约攻击和分布式拒绝服务攻击。

（1）51%攻击　对于工作量证明算法（PoW），51%攻击是指某个拥有全网50%以上算力的"矿工"可以攻击整个区块链系统。由于这个"矿工"可以生成绝大多数的块，他就可以通过故意制造分叉来实现"双重支付"，或者通过拒绝服务的方式来阻止特定的交易或攻击特定的钱包地址。当独立的个人或组织（恶意黑客）收集超过一半的哈希值并控制整个系统时，就会发生51%攻击，而这对整个系统来说可能是灾难性的。

ghash.io 矿池

2014年1月，ghash.io矿池的算力已经达到了比特币网络的42%。为了防止ghash.io的算力超过全网的50%，很多"矿工"自愿退出了矿池。2018年，Blockchain.com网站曾报道，五大矿池的总算力已经超过了全网算力的70%。如果这些矿池之间进行合作，51%攻击很容易被实现。

这些攻击一般更可能发生在链生成的早期阶段，但51%的攻击不适用于企业或联盟链。一旦51%攻击发生了，攻击者之外的其他节点不会承认攻击者生成的链条，整个网络中的币可能变得一文不值。所以，从攻击者利益的角度来看，51%攻击很难在现实中发生。

（2）加密算法攻击　区块链的安全性依赖于密码学加密算法的强度。多数区块链操作都会使用密码学中的哈希算法。例如，区块之间通过区块头哈希值进行连接；交易地址通常由哈希操作产生。哈希256算法（Secure Hash Algorithm-256，SHA-256）是多数区块链使用的哈希算法，被认为是不可攻破的，但仍可能受到长度扩展攻击。攻击者可以利用长度扩展攻击在原始数据的后面附加一些自定义数据，进而改变消息的哈希值。

此外，量子计算一直威胁着传统密码学的安全。未来，量子计算很可能成功破解椭圆曲线数字签名算法（Elliptic Curve Digital Signature Algorithm，ECDSA）、数字签名算法（Digital Signature Algorithm，DSA）等非对称加密算法，并导致SHA-256

和高级加密标准（Advanced Encryption Standard，AES）算法的加密强度减半。

（3）智能合约攻击　智能合约本质上是运行在区块链上的程序，由开发人员编写。由于目前以太坊等区块链系统的智能合约漏洞防范措施不够完善，安全意识一般的合约开发者很可能开发出包含致命漏洞的智能合约。

常见的四种智能合约漏洞如下。

1）交易顺序依赖漏洞：在区块链中，每个区块中都包含很多交易。一个区块中交易的顺序是由"矿工"决定的。例如，一个区块中存在交易 t1 和 t2，并且这两个交易都由同一个合约产生。这时候"矿工"可以选择先执行 t1 或先执行 t2。然而有些合约对交易的执行顺序是有依赖性的，错误的执行顺序可能对合约造成负面影响。

2）时间戳依赖漏洞：在区块链中，每个区块的时间戳用于记录区块的诞生时间。然而时间戳是完全由矿工决定的。如果某个合约将时间戳作为代码的触发条件，就很容易出现业务逻辑混乱的现象。

3）未处理异常漏洞：这种漏洞通常在合约相互调用时发生。例如，当合约 A 调用合约 B 时，合约 B 发生了异常，并停止执行，返回 false。在某些情况下，合约 A 需要显式地检查调用是否被正确执行。如果合约 A 没有正确地检查异常信息，未处理异常漏洞就发生了。

4）可重入性漏洞：当外部地址或其他合约向一个合约地址发送以太币时，该合约的 fallback 函数就会被执行。攻击者可以利用 fallback 函数调用 withdraw 函数，实现递归调用合约。

智能合约攻击事件

2016 年 6 月 17 日发生了史上首次智能合约攻击事件。区块链业界最大的众筹项目 TheDAO 由于存在致命漏洞而遭受重入攻击，黑客可非法转移 TheDAO 资产池中不属于自己的财产，导致价值 7000 万美元的以太币丢失，虽然最终通过硬分叉找回了丢失的以太币，但也造成了以太坊的分叉，形成了两条链：一条为 ETC，另一条为 ETH。

2017 年 7 月 19 日，Parity Multisig 电子钱包被爆出漏洞，黑客首先通过 delegatecall 方式调用函数 initWallet 成为合约的所有者，接着进一步调用函数 execute，将合约中的钱取走，总共造成价值 1.5 亿美元的以太币丢失。

同年 11 月 7 号，名为 devops199 的开发新手无意中触发了函数 kill，将库合约报废，使得所有依赖该库合约的多重签名钱包无法正常工作，导致价值 2.8 亿美元的以太币被冻结，无法移动。

2018年4月22日，黑客利用ERC-20标准代币合约BatchOverFlow整数溢出的漏洞攻击了美链（BEC）的智能合约，凭空产生了数量巨大的代币，随后在交易市场中抛售，导致美链市值大跌近94%，价值几乎归0。

2018年9月，黑客通过利用EOSBet合约在校验收款方时存在的漏洞伪造了转账通知。黑客利用自己的两个账号相互转账，以零成本获取平台的巨额奖励。这次攻击导致EOS损失了80万美元。

（4）分布式拒绝服务攻击　拒绝服务攻击旨在破坏对特定目标的网络或资源的访问。由多个位置的攻击者同时发动的拒绝服务攻击被称为分布式拒绝服务攻击。一旦分布式拒绝服务攻击在区块链中发生，整个区块链网络就可能面临瘫痪。

在以太坊中发送交易需要消耗一定量的gas（交易费），这种机制可以在一定程度上抵制DoS攻击。然而由于以太坊的EXTCODESIZE操作码的gas消耗定价过低，攻击者曾成功地对以太坊发动了DoS攻击。

EXTCODESIZE操作码是用来读取智能合约代码大小的，当EXTCODESIZE被调用时，节点需要读取磁盘的状态信息。由于EXTCODESIZE只消耗20gas，攻击者可以在一笔交易中执行5万次EXTCODESIZE操作。这种攻击可以消耗区块链网络大量的计算资源和网络资源，导致区块链网络拥堵甚至瘫痪。

以太坊在2016年9月份和10月份遭受一连串的DoS攻击，攻击者在以太坊网络内以非常低的成本创建了1900万个空账户。空账户会浪费硬盘空间、增加同步时间并减慢处理时间。为阻止这样的攻击，以太坊进行了一次"EIP-150 Hard Fork"硬分叉，随后以太坊做了"Spurious Dragon"分叉，以清除以前建立的空账户。

智能合约代币所有者的权限过大也可能导致拒绝服务攻击。如果代币合约所有者一直冻结合约，合约中的其他用户将无法进行交易。

4.3.2　区块链安全保护机制

针对区块链系统面临的上述安全问题，结合区块链技术特性，下面从共识机制、数据储存、网络协议、加密技术四个方面介绍区块链的安全保护机制。

1. 共识机制

区块链系统采用了共识机制来维护系统的安全性。共识机制是一种去中心化的决策机制，通过多个节点的协作来决定哪些交易被确认和添加到区块链中。目前，常见的共识机制包括工作量证明（PoW）、权益证明（PoS）和委托权益证明（DPoS）、实用拜占庭容错（PBFT）等。具体内容已经在第3章讲述，这里不再赘述。

2. 数据储存

（1）去中心化、分布式存储　区块链数据存在于每个区块中，每个区块又存在于整个区块链网络中。在比特币区块链中，每个区块大小约为1MB，每10分钟左右就会产生一个新的区块。区块链中的每个节点都会保存所有区块的完整副本，这些节点相互连接组成了一个分布式网络。如果一个节点出现问题，其他节点仍然可以保持正常运行，这使得区块链网络具有很强的抗攻击能力。

（2）加密验证　区块链中的数据经过加密和验证，一旦被添加到区块链中，就不可篡改。这种不可篡改性保证了区块链数据的安全性和可靠性。

（3）数据备份　为了进一步提高区块链数据的安全性和可靠性，一些区块链项目会采用数据备份的方式，即将区块链数据存储在不同的物理位置或者不同的存储介质中，以便在发生意外情况时进行恢复。备份的数据通常是加密的，以保证数据的安全性。

3. 网络协议

区块链网络协议一般采用P2P协议，以确保同一网络里的每台计算机彼此之间对等，不存在任何"独特"连接点。不同的区块链系统会根据需要制定各自的P2P网络协议，比如比特币有比特币网络协议，以太坊也有以太坊网络协议。具体内容已经在第3章讲述，这里不再赘述。

4. 加密技术

加密技术主要包含散列算法和非对称加密算法。散列算法的原理是将一段信息转化成一个固定不动长度的字符串数组，提取数据特征。非对称加密算法指的是由对应的一对唯一性密钥（即公开密钥和私有密钥）组成的加密方法，可以保证数据的安全性。

4.4 区块链的其他技术发展

4.4.1 分片技术

1. 分片技术的概念

分片技术的概念源于传统数据库，就是将区块中的数据分成很多不同的"片段"，并将它们分别存放在各个节点之上，这样可以并行处理相互之间未建立连接的交易，以提高网络并发量。

简单来说，分片技术就是一个分散式并行系统，在保持主链完整稳定的同时，减少每个节点的数据储存量，从而达到扩容的效果。它的特点是随着节点数目的增加，网络吞吐量也随之增加。难点在于数据分片关键特征值的确定，以及元数据在片区之间通信的延迟造成的不一致性问题，频繁的跨碎片之间的通信会使区块链网络性能大大降低。由于每个片区里的数据是分开更新的，在设计应用逻辑时必须确保信息的成功更新，也需要预留出一定的鲁棒性来应对达成最终一致性过程中可能出现的不一致性。鲁棒性是在异常和危险情况下系统生存的关键。

2. 区块链分片技术

区块链相当于一个数据库，每个节点相当于一个独立的服务器。正常情况下，每次只有一个节点能获得记账出块的权利，剩下没获得出块权的节点相当于做了"无用功"，白白浪费了算力。

如果将分片技术运用到区块链中，就相当于将区块链网络里的所有待处理任务进行分解，将全网的节点也进行分组，每一组同时处理一个分解后的任务，这样就从原先单一节点处理全网的所有任务，变成了多组节点并行处理。

多年来，分片一直是传统数据库技术的重要组成部分，也是区块链扩容方面的焦点。可以说，如果不能解决处理速度的问题，那么区块链技术的落地将遥遥无期。分片技术就是解决这一难题的利刃。

3. 区块链分片技术的优点

（1）交易速度更快　区块链上处理交易的速度变成了每秒上千笔，甚至更多。这改变了人们对加密货币支付的效率的看法。改善交易吞吐量,将会给去中心化的系统带来越来越多的用户和应用进程,而这将反过来促进区块链的进一步应用,也能吸引更多用户加入公共网络上的节点,从而形成一个良性循环。

(2)降低交易费用　采用分片技术后,因为验证单笔交易的处理量减少了,所以节点可以在保证运营盈利的同时收取较小的费用。

4. 区块链分片技术的分类

在区块链中的分片根据对象分为网络分片、交易分片和状态分片。

(1)网络分片　分片的第一个也是最重要的挑战是创建碎片。开发者需要开发出一种机制来确定哪些节点可以按照安全的方式保留在碎片中,这样就能避免那些控制大量特定碎片的人所发起的攻击。打败攻击者的最佳方法就是创建随机性。通过利用随机性,网络可以随机抽取节点形成碎片,这就可以防止恶意节点过度填充单个碎片。

但是,如何创建随机性呢?最容易获得公共随机性的来源是区块。在区块中所提供的随机性是可被公开验证的,并且可以通过随机提取器提取统一的随机比特。然而,简单地使用随机机制将节点分配给碎片仍是不够的,还必须要确保网络的一个碎片中不同成员意见的一致性,这可以通过像工作量证明这样的共识协议来实现。

(2)交易分片　交易分片将客户端的跨片交易分成若干个相关的子交易,不同分片的跨片交易可以并行处理。交易分片使得各个网络分片对交易具有更强的处理能力。

双花交易

假设网络由碎片组成,用户发送一笔交易,每一笔交易有两个输入和一个输出。那么,该笔交易将如何分配给一个碎片呢?最直观的方法是根据交易哈希值的最后几位来决定碎片。

例如,假设只有两个碎片,如果哈希值的最后一位是0,那么交易将被分配给第一个碎片,否则它就被分配给第二个碎片。这允许我们在单个碎片中验证交易。但是如果用户是恶意的,他可能会创建另一笔具有两个相同输入但不同输出的交易,也就是双花交易。这导致第二笔交易将有一个不同的哈希值,因此,这两笔交易就可能形成不同的碎片。然后,每个碎片将分别验证接收到的交易,同时忽略在另一个碎片中验证的双花交易。

为了防止双花问题，在验证过程中，碎片间将不得不进行相互通信，这种相互之间的通信可能会破坏交易分片的目的。

解决方案：当我们有一个基于账户的系统时，问题就简单得多了。每一笔交易将会有一个发送者的地址，系统可以根据发送者的地址分配一个碎片。这确保了两笔双花交易将在相同的碎片中得到验证，因此系统可以很容易地检测到双花交易，而不需要进行任何跨碎片的通信。

（3）状态分片　　状态分片是迄今为止最具挑战性的分片技术提案。在主流公共区块链上，所有公共节点都承担着存储交易、智能合约和各种状态的负担，这可能使其为了获得更大的存储空间而担负巨大的花费，以维持其在区块链上的正常运转。为了解决这一问题，状态分片被提出来。这一技术的关键是将整个存储区分开，让不同的碎片存储不同的部分。因此，每个节点只负责托管自己的分片数据，而不是存储完整的区块链状态。

状态分片的第一个挑战是跨碎片通信开销。如果两个受欢迎的账户由不同的碎片进行处理，那么这可能需要进行频繁的跨碎片通信和状态交换。确保跨碎片通信不会超过状态分片的性能收益仍然是一个值得研究的问题。减少跨碎片通信开销的一种可能方法，是限制用户进行跨碎片交易，但它可能会限制平台的可用性。

状态分片的第二个挑战是数据的可用性。可以考虑这样一个场景，由于某种原因，一些特定的碎片遭到了攻击而导致其脱机。由于碎片并没有复制系统的全部状态，所以网络不能再验证那些依赖于脱机碎片的交易。因此，在这样的情况下，区块链基本上是无法使用的。解决此问题的方法是维护存档或进行节点备份，这样就能帮助系统进行故障修复以及恢复那些不可用的数据。

> **注意**　在区块链中采用网络分片技术，就是让"矿工"分别负责验证几个子网络碎片上的交易，因此需要保证恶意节点的数目足够小，还要注意在分配"矿工"时要确保随机性。

一般来说，网络分片和交易分片更容易实现，而状态分片则要复杂得多。通过网络和交易分片，区块链节点的网络被分割成不同的碎片，每个碎片都能形成独立的处理过程，并在不同的交易子集上达成共识。通过这种方式，可以并行处理相互之间未创建连接的交易子集，通过提高数量级来提高交易的吞吐量。

分片技术虽然能够在一定程度上有效地解决区块链的可扩展性问题，但还存在很多不足，需要改进。一方面，整个分片机制运行过程中有大量的时间用于处理交易以外的事情，比如组织分片和分片重配置。另一方面，状态分片是分片方式中极为难实现的一环，在状态分片的情境下，跨片交易的验证过程变得极为困难，不同分片节点由于其存储账本不同而需要通过一定的方式进行交易转移或账本状态交流。

4.4.2 侧链技术

案例

侧链技术的产生

2012年前后，比特币社区里首次出现了有关侧链的对话，当时比特币的核心开发者们正在考虑如何安全地升级比特币的协议，其中一个相关的想法就是单向锚定技术（One-Way Peg），用户可以把比特币资产移动到一个单独的区块链上来测试出一个新的客户端，然而也正是因为单向锚定，一旦这些资产被移走，它们就不能再被转移回主链上了。

此后的一年时间里，在比特币IRC频道中，比特币核心开发者们提出了双向锚定的概念，他们认为比特币的价值在转移到另一条链上之后，应该还能再回到比特币区块链上，但是这个概念当时并没有被人们信任，因为人们很担心这样做会稀释比特币的价值。虽然社区里出现了很多相关质疑，但是核心开发者们依然认为如果把比特币看作是一种储备货币，并且把新功能转移到侧链上，是有助于比特币区块链的升级和创新的。为了实现侧链技术，2014年一部分比特币区块链的核心开发者们组建了一家区块链技术公司，专门投入到有关比特币区块链扩容的研究中。

1. 侧链技术的概念

侧链，是对于某个主链的一个相对概念。侧链协议是一种实现双向锚定（Two-Way Peg）的协议，通过侧链协议可以实现资产在主链和其他链之间的互相转换，或是以独立的、隔离系统的形式，降低核心区块链上发生交易的次数。

侧链是以融合的方式实现加密货币金融生态的目标，而不是像其他加密货币一样排斥现有的系统。利用侧链，可以轻松地建立各种智能化的金融合约，如股票、期货、衍生品等。

作为一种特殊的区块链，侧链使用了一种名为"SPV"楔入的技术来实现和其他区块链之间的资产转移，这也使得用户能用已有资产来使用新的加密资产系统。这样一来，人们不必再担心比特币难以采纳创新和适应新的需求，只要创造一个侧链，然后对接到比特币的区块链中，就可以继承和复用比特币区块链的功能。不仅如此，侧链的出现还能避免新货币的流动性短缺和市场波动等问题。

2. 侧链技术的特点

通常来说，侧链技术有以下特点。

1）主链币通过双向锚定技术锚定侧链币，采取 1:1 的比例或者其他预定汇率。

2）侧链自己不能生产出主币，只能接受主链的输入，并在自己的链上生成对应的侧链币。

3）侧链需要足够多的算例和共识保证侧链的安全。

4）侧链独立于主链存在，侧链上发生的任何事情都不会影响主链，从而保证了主链的安全。这样就能更好地实现创新，极大地降低了比特币主链上的风险。

5）侧链本身是独立的区块链，有自己的节点网络，代码及数据也是相对独立的，所以它在运行过程中是不会增加主链负担的，这也避免了数据过度膨胀的情况出现。

3. 侧链技术的实现方式

（1）**单一托管模式** 最简单的实现主链和侧链间的双向锚定的方法就是将数字资产发送到一个主链单一托管方，当单一托管方收到相关信息后，就在侧链上激活相应数字资产。但是这种方法最大的问题就是过于中心化。

（2）**联盟模式** 为了避免单一托管模式过于中心化而被部分节点控制，就产生了新的侧链概念，即联盟模式。联盟模式中用公证人联盟来取代单一的保管方，利用公证人联盟的多重签名对侧链的数字资产流动进行确认。在这种模式中，如果想要盗窃主链上冻结的数字资产就需要突破更多的机构，但是侧链安全仍然取决于公证人联盟的诚实度。

> **小贴士** 单一托管模式和联盟模式的最大优点：它们不需要对现有的比特币协议进行任何改变。为了更好地解决侧链带来的中心化问题，随着技术的深入，一些去中心化的侧链也开始出现。

（3）**SPV 模式** SPV 全称"Simplified Payment Verification"，中文翻译为简单支付验证。其目的是验证某笔交易是否存在，但并不能验证交易的合法性，这需要进行两步操作，第一步是确认交易支付是否被验证过，第二步是计算得到了多少确认数。

> **案例**
>
> **交易验证**
>
> 中本聪曾提及：在不运行全节点时也有可能对交易进行验证，用户只需要保留最长链上的所有的区块头数据。简单而言就是：
>
> 假如小 A 给小 B 转了一个比特币，小 B 怎么才能知道交易已经完成了呢？在去中心化的系统里找证人那是不太可能的。
>
> 传统办法是：小 B 需要下载所有的区块链账本，然后找到小 A 的账户，先看看小 A 之前是不是有这样一个比特币，有没有转给小 B 的记录。这仅仅是第一步，就使得小 B 的存储量要"爆"掉。
>
> SPV 模式：每个比特币的区块容量是 1MB，区块头只有 8 KB，因此下载区块头可以节省很多空间。

SPV 机制不仅节省了储存空间，减少了 P2P 网络带宽的浪费，使得普通用户在没有下载完整数据的情况下也可以操作，给查账带来了极大便利。但是，由于 SPV 没有完整的区块数据，无法验证交易不存在，就很容易导致双花交易，而随机链接节点也有可能受到网络的恶意攻击。

（4）驱动链模式　驱动链模式下，"矿工"作为算法代理监护人是需要对侧链的当前状态进行检测的。换句话说，"矿工"本质上就是资金托管方，驱动链将被锁定数字资产的监管权发放到数字资产"矿工"手上，并且允许"矿工"投票决定什么时候来解封这些数字资产和将解锁的数字资产发送到什么地方。"矿工"观察侧链的状态，当他们收到来自侧链的要求时，他们会执行协调，以确保他们对要求的真实性达成一致。诚实的"矿工"在驱动链中的参与程度越高，整体系统的安全性也就越高。驱动链的缺点是会对主链进行软分叉。

（5）燃烧证明机制　燃烧证明机制主要应用在单向锚定的区块链中，比特币持有者可以将手中的比特币发送到一个专门没有私钥的地址中，随之会在新的区块链中生成相应数量的新币。

（6）混合模式　由于主链和侧链在实现机制上存在本质上的不同，所以对称的双向锚定模型可能是不够完善的。混合模式是将上述获得双向锚定的方法进行有效结合的模式，也就是主链和侧链使用不同的解锁方法。例如，在侧链上使用 SPV 模式，而在主链网络上使用驱动链模式。混合模式的缺点是会对主链进行软分叉。

4. 解决区块链单一性的方案

在 2021 年"世界人工智能大会"的区块链论坛上，有专家表示："单一的区块链技术无法承接产业需求"。这个观点也反映了区块链产业的发展方向：成为技术融合趋势中的一部分，去构建数字社会的基础设施。

如今，通证经济越来越繁荣，但区块链的性能始终被限制，而且这些区块链的功能也相对单一。为了解决这些问题，就必须对主链的性能进行拓宽，增加代币的使用场景，保证这些代币既能寄生在主链上，也能脱离主链独立存在，而侧链技术进一步拓展了区块链技术的应用范围和创新空间。

> **小贴士**　通证经济的出现往往伴随着"区块链""经济系统"等诸多名词。"通证经济"是价值互联网，让每个个体、每个组织都能够基于自己的劳动力、生产力发行通证，形成自金融范式；基于通证的大规模群体协作，让每个创造价值的角色都能够公平地分享价值，充分调动参与动力，形成自组织形态。

侧链技术的应用场景主要在于解决主链拥堵和部署智能合约这两个问题上面。

（1）解决主链拥堵　侧链的思路在于大额转账走主链，因为大额转账通常不在意手续费与网络拥堵的劣势；小额转账则通过第二层网络，因其不需要太多的算力来保驾护航，可以实现低手续费、秒到账。

（2）部署智能合约　能帮助能力有限的智能合约实现资源密集型的升级。

案例

"润物细无声"的需求匹配

如何让区块链技术"脱虚向实"，寻找具体的应用场景成了关键。以汽车行业为例，车企通过在商用车中嵌入区块链 AIoT 模组，让每个设备产生的车辆、行车、电池等数据在加密后流转在区块链上，以实现资产和车数据的源头可信，帮助新能源汽车产业链实现车数据信息互信，从而打通汽车租赁等金融服务。

购车用户可以利用汽车本身的运力作为抵押，在区块链技术的担保下获得金融机构的贷款。作为车主，购车用户可以在无资金的情况下获得汽车的使用权，通过上下游提供的货运订单来获得收入，偿还贷款。

这样的模式在个体商户中几乎很难实现，因为金融机构无法向一个无资质、无资产的个体发放贷款，车企也很难链接购车者的经济和金融需求。但有了物联网技术的硬件追踪，使用区块链技术解决了金融信任后，车企就可以从汽车制造厂商升级为用户运营方。

当特定人群的生活和金融需求被解决后，商业逻辑也发生了改变，单纯的货币与商品的交易变成了人与服务的链，而且区块链呈现的感知并非是尖端晦涩的技术，而是"润物细无声"的需求匹配。

4.4.3 跨链技术

案例

跨链技术的发展

在区块链技术发展的初期，信息的交互流通只限于在各个相互独立的单链之内，随着应用场景的日益丰富，单链的性能越来越难以满足实际应用需求，市场对跨链的需求也变得越来越清晰。

2012年，Ripple实验室提出了Interledger协议（ILP）。该协议是一种跨不同支付网络的安全、开放的跨账本支付协议，它允许任何在两个区块链账本上拥有账户的用户之间建立连接，以此实现全网信息的自由流通。

2013年5月，原子交换方案被首次提出。该方案概述了跨链加密货币互换的基本原则，其基本思想是当位于两个区块链上的交易用户在进行资产相互交换时，无须第三方参与，交易双方通过智能合约技术，并通过维护双方相互制约的触发器来确保资产交换的原子性。

2015年2月，比特币闪电网络被首次提出。闪电网络提出了两种类型的交易合约：序列到期可撤销合约（Revocable Sequence Maturity Contract，RSMC）和哈希时间锁定合约（Hashed Time Lock Contract，HTLC），前者解决了链下交易确认的问题，后者解决了跨节点传递的支付通道问题。

2015年12月，Linux基金会主导发起超级账本项目（Hyperledger Project）。该项目旨在推动区块链及分布式记账系统的跨行业发展与协作，为公开、透明、去中心化的企业级分布式账本提供开源标准。

2017年，两大跨链头部项目Cosmos和Polkadot提出了搭建跨链基础平台方案，通过其平台支持兼容所有区块链应用。

2018年，多国区块链资深开发者共同发起国际跨链项目以太宇宙（Ether Universe，ETU）。以太宇宙项目是世界首个基于DPoS机制的高性能的跨链项目，首创公证人机制＋侧链混合技术实现高性能、低成本、低延迟的价值交换。

2019年7月，"中国区块链技术和产业发展论坛"发布《区块链跨链实施指南》，提出了区块链的跨链实施框架，给出了跨链实施的应用构建、应用运行、应用评估和实施改进过程。

2020年12月，中国信息通信研究院发布自主研发的跨链基础设施项目"可信链网"，旨在通过跨链技术，实现打通产业链上下游、横向业务联盟、链下数据通用服务和跨行业监管。

1. 跨链技术的定义

跨链（Inter-Blockchain Technology）可以理解为是实现两个或多个独立区块链之间资产流通和价值转移操作的一种协议。当两个分布式账本中的用户进行价值转移时，跨链需要保证账本之间的数据同步，这就需要保证两个账本之间的操作变动一致，不然会导致账本之间出现双花支付及价值丢失等问题。

跨链可实现不同区块链之间的价值转移，但是并不会改变每条区块链上的价值总额。跨链技术解决了区块链的可扩展性问题，实现了单个区块链的价值最大化，有效解决了长期以来单个区块链之间由于无法交互而产生的价值"孤岛"问题。

2. 跨链技术的分类

根据区块链底层架构的不同，跨链技术可以分为同构链跨链和异构链跨链两大类。

（1）**同构链跨链**　传统意义上的跨链都是指同构链跨链。同构链跨链是指在具有相同底层架构的区块链之间实现价值的双向流通。同构链之间由于其共识算法、安全机制、区块生成验证逻辑都一致，它们之间的跨链交互的实现就相对容易。目前虽有不少项目已使用了同构链跨链，却一直无法解决主流资产之间的交互实现。

（2）**异构链跨链**　异构链跨链是指在不同结构的区块链之间实现跨链交互。异构链跨链类似区块链版的互联网底层协议，可以基于区块链所有的公链进行连接和交互，有望改变现有区块链应用局面。在异构链中，由于不同区块链的链式结构大相径庭，跨链交互时需要综合考虑不同区块链的结构差异，因此异构链的跨链交互实现难度比同构链要高很多，一般需要借助第三方服务辅助实现。

3. 跨链技术的主要机制

当前，区块链底层技术平台呈现百花齐放、百家争鸣的态势，不同底层技术平台的区块链之间缺乏统一的互联互通机制，这极大限制了未来区块链技术和应用生态的发展空间。无论是对于公有链、联盟链还是私有链，无论是对于同构链还是异构链，跨链技术才是实现真正价值互联的关键所在。目前，相对成熟的跨链机制主要包括公证人机制、侧链/中继链、哈希锁定、分布式私钥控制机制以及公证人+侧链混合机制。

（1）公证人机制（Notary Scheme） 公证人机制是目前应用最广泛、技术实现最简单的一种跨链机制。在公证人机制中，假设区块链 A 和 B 本身是互不信任且不能直接进行互相操作的，那么一种简单的方法就是引入一个双方共同信任的第三方作为中介，受信的第三方中介可以是一个中心化机构，也可以是一群节点，由这个共同信任的第三方中介进行跨链的数据收集、交易确认和验证。

> **拓展阅读**
>
> 公证人机制的代表项目主要有 Interledger、Palletone 等。
>
> #### 1. Interledger 协议
>
> Interledger 协议在进行跨链交易确认时，引入一个或一组诚实可靠的第三方节点作为公证人，由公证人充当两个不同区块链记账系统的"连接器"，当参与方均对交易内容达成共识时，便可进行链间资产转移。该协议提供两种支付模式：在原子模式下，转账由参与者选择的一组特别公证人协调，以确保所有转账要么执行要么中止；在通用模式下，则使用激励措施来满足对任何相互信任的系统或机构的需求。
>
> #### 2. Palletone 协议
>
> Palletone 协议通过使用独有的"陪审团+调停中介"双重共识机制实现跨链资产交互，因其结合使用了陪审团共识算法和有向无环图（Directed Acyclic Graph，DAG）数据存储，使得智能合约执行和数据存储可以并行处理，在计算性能和数据存储方面均突破了传统区块链的技术限制。

（2）侧链/中继链（Sidechains / Relays） 侧链/中继链是一个独立于主链的区块链系统。侧链是依附在公链旁的一条规模较小的区块链，可以将其视为公链的一个外置硬件。侧链能够接收并读取主链交易的资料与数据，通过"锚定"的方式锁定要验证的内容，并将侧链和主链上的资产双向锚定。当交易资料通过验证后，主链资产将被锁定，然后在侧链上释放等额资产，原理颇像跨国的货币兑换。反之，当侧链上的资产被锁定时，主链上也会释放相对应价值的资产。资产实际上并没有被转移，而是被锁定和重新释放。

中继链与侧链最大的差别在于侧链依附在主链底下，与主链关系紧密；而中继链与其他公链对等、平行，不属于任何公链。中继链类似公证人机制与侧链结合，可连接不同公链的资料调度中心，以第三方公证人的身份，验证不同公链间的交易资料。在读取和验证公链上的资料后，中继链锁定原链上的资产，然后在目标链上释出等值资产，达成资产锚定的功能，确保两边的交易资料对得上。

> **拓展阅读**
>
> 侧链/中继链的代表项目主要有BTCRelay、Cosmos等。
>
> ### 1. BTCRelay
>
> BTCRelay通过使用以太坊的智能合约实现以太坊网络和比特币网络的去中心化连接，使用户可以在以太坊上对比特币进行交易验证。BTCRelay利用BTC区块头在以太坊上创建一个小型简要版的比特币区块链，解决了在以太坊中进行BTC支付的问题。
>
> ### 2. Cosmos
>
> Cosmos基于Tendermint共识机制采用中继链的方式实现跨链交互。Cosmos网络结构包括Hub、Zone、IBC三个组成部分。Zone是Cosmos中的不同区域空间，类似接入的不同区块链；Hub是Cosmos的中心网络，负责追踪记录每个Zone的状态；Hub与Zone之间通过跨链通信（Inter-Blockchain Communication，IBC）协议进行消息传输。

（3）哈希锁定（Hash-locking） 哈希锁定就是在跨链的模式上，多加了一重密码学设计，以经过杂凑函数加密处理的验证机制，去处理跨链资讯对接。

哈希锁定的优点是交易参与方无须彼此信任，资产锁定实现了质押效果，无须将资产托管给第三方公证人，安全性相对较高。同时由于设定了交易时间限制，交易发起者不用浪费时间持续等待，可以有效避免恶意拖延交易的行为，降低了交易的风险。缺点是哈希锁只能实现跨链资产的交换，而不能实现跨链资产的转移。

> **拓展阅读**
>
> 哈希锁定机制的代表项目主要有闪电网络。闪电网络是一个双向支付渠道网络，它将两个节点在比特币区块链的链下即第二层进行交易处理和账本变更，然后在链上即第一层进行结算确认，从而避免大量实际交易资金的转移，一定程度上提高了交易效率并降低了交易费用。

> **拓展阅读**
>
> 哈希锁定全称哈希时间锁定合约，最早于2013年在Bit Coin Talk上被提出，后被成功应用于比特币的闪电网络中。哈希锁定巧妙地使用时间锁和哈希锁，让交易双方先锁定资产，如果双方都在规定的时间内输入正确哈希值的原值，即可完成交易，否则交易失效，从而保证了交易的原子性。
>
> 其中，时间锁是指交易双方约定在某个有限的时间内输入正确哈希值的原值才有效，超时则承诺失效；哈希锁是指对一个哈希值H，如果提供原像R，使得Hash（R）=H，则承诺有效，否则失效。
>
> 哈希锁定的基本原理是：链A上的账户AX生成随机数r，并发送Hash（r）给链B上的账户BY；同时账户AX在链A上将数字货币锁定在智能合约中，并设定交易的时间限制；账户BY收到Hash(r)，看到账户AX的锁定和时间设定后，在链B上使用Hash（r）将数字货币锁定在智能合约中，并设定交易时间限制；账户AX看到账户BY的锁定后，在规定时间内，发送包含随机数r的认领协议给账户BY；账户BY收到认领协议后在规定时间内给出哈希值，锁定的数字货币立即释放，完成交易。否则跨链交易失败，交易参与方拿回各自在智能合约中的资产。

（4）**分布式私钥控制（Distributed Private Key Control）机制**　该机制基于分布式密钥生成技术和门限密钥共享技术，将链上数字资产的所有权和使用权分开管理，通过引入锁定和解锁两种操作，对各数字资产私钥进行分布式控制管理，并将原链数字资产映射到新的中间链上，实现了对原链数字资产控制权的去中心化管理，通过新的中间链进行跨链资产交换和价值转移。在跨链过程中，资产的锁定和解锁由所有参与节点共同决定，任何未达门限值的单个节点或少数联合节点都无法拥有资产的使用权。

> **拓展阅读**
>
> 分布式私钥控制机制的代表项目有 Wanchain 和 Fusion。
>
> ### 1. Wanchain
>
> Wanchain 要求不同区块链首次接入时,需要在它的平台上完成注册,以确保对不同区块链资产的唯一识别。Wanchain 的创新之处在于:一是实现了完全去中心化的跨链资产账户管理功能;二是通过增加验证节点,并进行节点间共识,大大降低了其他链的接入门槛;三是通过门限密钥共享和环签名等技术方案确保了交易隐私。
>
> ### 2. Fusion
>
> Fusion 通过锁定(Lock-in)和解锁(Lock-out)两个步骤来实现。
>
> 在锁定阶段,节点 A 向 Fusion 发起资产锁定请求,并通过智能合约将密钥随机分发给不同节点;A 在收到智能合约返回的公钥地址后将资产锁定;智能合约在确认 A 资产锁定后,更新其在 Fusion 中的资产。
>
> 在解锁阶段,节点 A 向 Fusion 发起资产解锁请求;智能合约确认 Fusion 中 A 的资产后,广播解锁交易签名请求;对应的私钥节点检查解锁交易后签名,并在平台进行广播,将锁定的资产转移到 A;智能合约确认解锁后更新 Fusion 中 A 的资产。

(5)公证人+侧链混合机制(Notary Scheme + Sidechains Mixing Technology)

该机制结合了公证人机制的操作实现简单、无须复杂工作量证明的优点以及侧链低成本、快速高效的优点,通过区块链之间彼此信任的分布式节点作为公证人实现跨链资产的快速交互,避免了中心化问题,同时,通过侧链技术实现链间高效的通信交互。

> **拓展阅读**
>
> 公证人+侧链混合机制的代表项目有 Ether Universe 和 Sifchain。
>
> ### 1. Ether Universe
>
> Ether Universe 是第一个采用公证人+侧链混合机制,基于 EOSIO3.0 平台技术的跨链服务方案,使用分布式节点进行连接,首创公证人、担保人、"矿工"的混合 DPoS 共识机制,在交易性能、降低成本、稳定性、安全性等方面均实现

了重大提升。

2. Sifchain

Sifchain 基于 Cosmos 区块网络和 Tendermint 共识算法构建，使用双向锚定和 IBC 协议，实现包括比特币、以太坊、币安链等在内的 20 多条主流区块链的跨链集成，具有高性能、低成本、高扩展性等优点。

每一种跨链机制的技术实现方式都存在其优缺点，目前为止还没有出现一种能满足所有应用场景需求的全能的跨链机制，因此，跨链机制的使用应结合具体应用场景和跨链机制本身的特点进行选择。

思考与练习

【单选题】

1. 由于节点之间的交换遵循固定的算法,其数据交互是无须信任的,因此交易双方无须通过公开身份的方式让对方产生信任,对信任的累积非常有帮助,这属于区块链的(　　)特征。
   A. 透明性　　　　　　B. 匿名性
   C. 去中心化　　　　　D. 数据不可篡改性

2. 区块链的本质是(　　)。
   A. 数据库　　　　　　B. 计算机技术
   C. 数据　　　　　　　D. 信任机制

3. 区块链采用分布式账本技术和时间戳等一系列技术,构建了一种跨越时间的共识机制,触及了人类社会交易的本质——(　　)。
   A. 信用和信任　　　　B. 契约和贸易
   C. 信用和确权　　　　D. 契约和确权

【问答题】

1. 什么是区块链性能主要指标?
2. 常见的区块链的隐私保护机制有哪些?
3. 简述传统数据库技术中数据分片的三种方式。

第 5 章
区块链的技术融合

区块链在实体经济等领域发挥效应,需要与其他新一代信息技术相互融合,实现优势和功能互补。本章具体讲述了区块链和人工智能、大数据、云计算、5G、物联网等技术的融合。

区块链概论

知识目标

- 了解区块链在人工智能、大数据、云计算、5G 和物联网中的应用场景和典型应用案例。
- 掌握区块链跨界融合的主要技术特点。

科普素养目标

- 通过阐述区块链在人工智能、大数据、云计算、5G 和物联网等前沿技术中的应用场景,激发探索科学技术的兴趣。
- 通过了解区块链与其他技术的交叉融合,培养开放性思维。
- 通过介绍区块链在不同领域的应用案例,培养学以致用的能力。

5.1 区块链 + 人工智能

5.1.1 区块链和人工智能的联系

人工智能是一门基于大数据的交叉科学，其应用领域包括智能机器人、语音语义识别、图像图片识别等。除对数据进行分析处理这个与大数据领域类似的应用外，人工智能还包括了各种智能终端硬件设备，这也是物联网信息采集基础设施的重要组成部分。

虽然人工智能终端设备可以更方便、及时地采集数据，但无法解决跨个体、跨系统的信任问题。而区块链的分布式账本、共识机制、匿名性正好有助于建立一个信任体系，推动数据加快汇集，从而深化数据的应用，推动人工智能的发展。

人工智能和区块链技术可以协同工作，产生额外的价值。

一方面，人工智能可以借助区块链技术来提高其可信性和安全性。例如，在区块链上存储的数据是不可更改的，因此可以通过应用人工智能技术来识别和预测数据趋势，以便在区块链上进行数据分析。

另一方面，区块链技术可以为人工智能提供可靠的数据存储和交换方式，以提高人工智能的准确性和效率。例如，在区块链上存储的数据可以用作人工智能算法的训练数据，从而帮助提高人工智能的准确性。

> **小贴士**
>
> 打个比方，人工智能与区块链的关系就好比计算机与互联网之间的关系：计算机为互联网提供了生产工具，互联网为计算机实现了信息互联互通。对应地，人工智能解决区块链在自治化、效率化、节能化以及智能化等方面的难题。而区块链正好把孤岛化、碎片化的人工智能应用场景以共享的方式转换成通用智能。前者是工具，后者是目的。

5.1.2 区块链在人工智能中的应用

区块链和人工智能是两种不同的技术,但它们可以互相促进,共同发挥作用。

(1)区块链能为人工智能提供高质量的数据源　在人工智能领域,数据是非常重要的资源。然而,数据的质量和可信度是一个常见的问题。区块链提供了一个不可篡改和可信的数据记录机制,可以为人工智能算法提供高质量的数据源。例如,在金融领域,可以利用区块链记录交易数据,为人工智能算法提供高质量的数据源,以改进预测模型。

(2)区块链能提高人工智能算法的透明度　区块链的智能合约机制可以记录和监管人工智能算法的执行过程。智能合约是一个自动执行的程序,它可以强制执行规则和条款。通过区块链和智能合约,人工智能算法的执行过程可以得到监管和追踪,从而提高算法的透明度。

(3)区块链能为人工智能提供分布式计算能力　人工智能的训练和推理需要大量的计算资源。区块链提供了一种分布式的计算框架,可以让不同的计算节点合作完成任务。这种分布式计算框架可以提高计算效率和数据安全性,使得人工智能算法能够更好地应用于实际场景。

(4)区块链能保护数据隐私　人工智能需要大量的数据进行训练和推理,然而,数据隐私是一个重要的问题。区块链提供了一种保护数据隐私的机制,可以在保护数据隐私的同时实现多方数据共享。例如,在医疗领域,可以利用区块链技术建立电子病历共享平台,为人工智能算法提供数据源,同时保护病人的隐私。

(5)区块链能为人工智能提供安全的交易机制　区块链具有去中心化和不可篡改的特点,可以为人工智能提供安全的交易机制。例如,在物联网领域,可以利用区块链技术实现设备之间的安全交易,从而保证交易的安全性和可信度。

(6)区块链可以增加人工智能算法的可靠性　区块链可以提高算法的可靠性,从而降低人工智能的误判率。例如,在自动驾驶领域,可以利用区块链技术记录车辆的数据和行驶路线,以确保车辆运行过程的安全和可靠。

(7)区块链能为人工智能提供可验证性和可复制性　区块链提供了一个不可篡改的数据记录机制,可以确保算法执行过程的可验证性和可复制性。这种可验证性和可复制性可以增加算法的可信度和透明度,从而提高算法的应用价值。

(8)区块链可以为人工智能提供分布式的知识共享平台　区块链提供了一种分布式的知识共享平台,可以让不同的节点共享知识和算法。这种分布式的知识共享平台可以促进算法的创新和发展,从而推动人工智能的进步。

（9）**区块链可以为人工智能提供可信的数据溯源**　区块链提供了一个可信的数据溯源机制，可以追踪数据的来源和传输路径。这种数据溯源机制可以提高数据的可信度和透明度，从而提高算法的应用价值。

（10）**区块链可以为人工智能提供新的商业模式**　在人工智能领域，区块链可以为人工智能提供新的商业模式。例如，在人工智能市场上，可以利用区块链技术实现智能合约和支付机制，从而实现人工智能算法的交易和分配。这种新的商业模式可以促进人工智能技术的发展和应用。

5.1.3 案例：供应链金融服务平台

1. 应用背景

2019年，中国人民银行、中国银保监会首次发布中国小微企业金融服务白皮书——《中国小微企业金融服务报告（2018）》。报告数据显示，小微企业融资缺口高达22万亿元，超过55%的小微企业金融信贷需求未能获得满足。有什么办法能让企业获得必需的金融扶持呢？

在传统供应链金融模式下，来自核心企业的信用背书难以多级传递，因此众多供应链上的中小企业无法通过核心企业的信用获取来自银行的优质服务，这使得中小企业融资成本高企，效率低下，生存越发困难。

作为一种新兴的金融模式，供应链金融在数字化技术的升级下，可通过区块链分布式信任机制将核心企业的信用传递至上游多级供应商，将中小企业融资的高风险转化为产业链条的低风险，有效解决中小企业融资难问题。同时帮助核心企业提升供应链管理能力，盘活整个供应链，使之能够得到良性发展。

2. 拟解决的问题

供应链金融服务平台拟解决的问题：

- 资金被占用，账期长，营运资金紧张，影响再生产。
- 应收账款高，影响财务状况评价。
- 传统保理融资确权难，增加银行融资成本高，同时提高负债率。
- 小微企业融资难、融资贵。
- 经营不稳定，财务不健全，还款能力难以评估。
- 本身资金需求量不大。

3. 供应链金融服务平台介绍

供应链金融服务平台为核心企业、多级供应商、金融机构构建了一个共同信任的平台，基于分布式共识，实现机构间的信任；基于分布式总账，实现实时清算和结算；基于智能合约，拓展交易模型，提升交易效率；基于核心企业反向保理，降低融资难度；基于区块链供应链金融平台，实现融资线上化、实时交易结算、资产可拆分、全程可追溯等。

供应链金融服务平台的架构如图5-1所示，首先从各个方面采集数据，然后进行数据分析得出背后的结论，通过人工智能算法，进行精准营销、智能风险决策和智能投顾。最后，给上层提供决策支持。

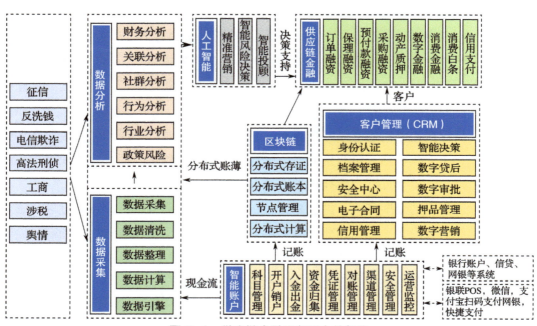

图5-1 供应链金融服务平台的架构

4. 攀枝花国投"钛融易"钒钛产业互联网平台

➢ 应用场景：供应链金融。
➢ 客户对象：攀枝花国投。
➢ 解决方案：该平台的架构如图5-2所示。安全区块链服务平台和智能合约管理服务平台给上层应用提供底层的技术支持，上层应用包含数据中心、仓储物流、金融中心和交易中心。其中，数据中心主要是通过人工智能算法分析各方面的数据，进行风险监控；仓储物流包括仓储物流服务体系和资金管理系统；金融中心提供一站式的金融服务；交易中心完成线上的定价过程，保证可靠的金票交易。

➢ 建设成效："钛融易"钒钛产业互联网平台是打造以钒钛产业为核心的 B2B 全供应链服务平台，是全国首个将区块链技术全流程嵌入、全应用场景支持的产业互联网平台。平台于 2020 年 4 月开始搭建，2020 年 9 月 30 日正式上线运行，交易产品有钛精矿、铁精矿、钛白粉、钛渣、海绵钛、钛锭、钛铸件等。截至 2022 年 12 月，平台用户数已有 91 户，已实现交易额 36.32 亿元。该平台基于区块链技术加持，实现了实名认证、电子合同签署、产品质量、仓储物流、交易结算、金融服务、产品交付、内部审批等全流程区块链存证，建立起可信业务数据链、可信资产运营链、可信行为证据链，突破供应链金融信任机制的关键难题，解决各方信任问题。在用户的订单交易过程中，平台全程对相关交易信息（包含但不限于订单信息、合同信息、物流信息、付款信息）进行区块链取证留存。

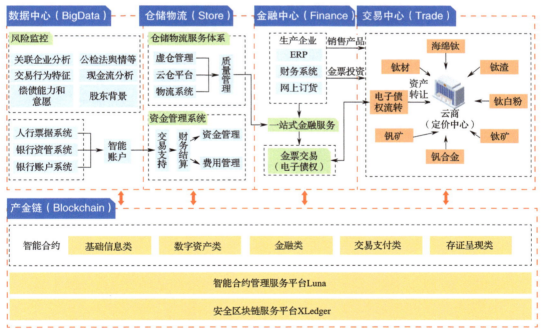

图 5-2 攀枝花国投"钛融易"钒钛产业互联网平台的架构

微课 35　　微课 36　　微课 37

5.2　区块链＋大数据

5.2.1　区块链和大数据的联系

2020年4月，在国家发改委新闻发布会上，首次明确了"新基建"的范围，区块链被首次正式提及，同时被提及的还有大数据、人工智能。大数据主要通过海量的数据进行机器学习，通过数据分析协助做出各种决策。而区块链在产业中的应用，第一步正是数据信息上链。区块链和大数据均可针对数据进行相应的处理，两者又是什么联系呢？

大数据通常需要对源数据进行清洗、治理，目的是根据历史数据得出规律，便于未来决策。区块链本质是分布式存储、非对称加密、P2P网络等技术共同作用下的"技术组合"。区块链的"不可篡改"性是由一组技术共同实现的，其本质不是对数据进行加工处理，而是保证数据在区块链技术搭建的技术体系架构中可以进行真实记录，不被篡改。当然，"不可篡改"不等于"不能篡改"。根据不同的共识机制，当占用资源超过一定程度后，便可以进行篡改。例如，在PoW的共识机制下，拥有超过50%算力的一方就可以进行数据的篡改。

大数据与区块链之间虽然有诸多区别，但也可以进行结合，相互形成有利的补充，从而解决应用场景中的技术问题，发挥一加一大于二的效果。

1）区块链为大数据需要收集和处理的数据，提供更为科学的存储方式。区块链能够保证源数据不被篡改，数据真实。

2）在对数据进行治理时，虽然数据库表结构、数据格式、数据安全机制等各不相同，但区块链是一个包容性很好的数据存储工具，可通过分布式存储，统一数据规范，并且不受数据格式的限制；还可以保证源数据的真实性和不可篡改性。因此，区块链是一个非常好的打破数据孤岛、实现数据共享的工具。

3）在数据安全方面，区块链可以更加动态化、精细化、低成本地实现对数据访问的不同权限的设置；还可以通过相应的非对称加密技术，对数据进行"脱敏"处理或做"机读格式"设置，以方便同时对内部保密数据和外部数据进行机器学习和数据建模。

综上所述，区块链在数据存储方面发挥了更大的作用，而大数据在数据分析方面更有独特的优势。大数据与区块链技术的结合，可以更好地发挥数据价值、价值传输、价值转化的作用。

5.2.2 区块链在大数据中的应用

目前区块链应用于大数据领域，主要在以下四个方面发挥作用。

（1）**数据主权** 运用区块链技术为数据确权，解决大数据的实际归属权问题，同时保障数据隐私。

（2）**数据安全** 通过区块链的应用，避免在中心化数据解决方案中敏感数据易被恶意篡改的问题，从而保障数据的安全性、完整性、真实性，提高大数据系统中的数据质量。

（3）**数据交互** 运用区块链技术确保彼此信任的达成，以促进数据共享，避免大数据处理过程中数据的重复分析、数据孤岛现象。

（4）**数据交易** 基于区块链的激励机制，个体和小机构间可以用通证的形式，进行点对点的数据交易。

国内的"区块链+大数据"项目便是基于数据安全、数据交互两个场景展开应用落地的。其项目主要面向企业间，旨在保障数据安全，促进彼此间的信任，以促成数据交互。

5.2.3 案例：不动产区块链应用系统

1. 应用背景

不动产区块链应用系统利用区块链数据共享模式，可以实现政务数据跨部门、跨区域协同办理，协助"最多跑一次"便民政务服务改革；整合资源，强化信息安全，加强政府数据共享开放和大数据服务能力；促进跨领域、跨部门合作，推进数据信息交换，打破部门壁垒，遏制信息孤岛和重复建设，提高行政效率，推动职能型政府转型为服务型智慧政府。

2. 拟解决的问题

不动产区块链应用系统拟解决的问题：

- 解决粗放式的政务服务信息共享模式，优化便民服务的效率。
- 解决服务窗口信息未有效集成、数据单一、关联性差、利用率低等问题。

- 解决信息共享与更新机制缺乏,基础数据一致性、准确性和权威性欠缺,监管漏洞(例如房屋登记纳税)等问题。
- 解决房屋交易过程中的"阴阳合同"等问题。

3. 不动产区块链应用系统介绍

不动产区块链应用系统的架构如图 5-3 所示。系统从下往上,依次分为四层:数据源、数据处理、数据归集和数据应用。第一层数据源,通过共享平台获取不动产登记数据和房产档案数据;第二层数据处理,通过大数据处理技术对数据进行清洗、转换、关联、整合和分类;第三层数据归集,针对不同结构的数据使用区块链技术进行存储;第四层数据应用,利用底层的数据模型实现房地产评估和走势分析,为银行、税务等客户提供房地产评估服务。

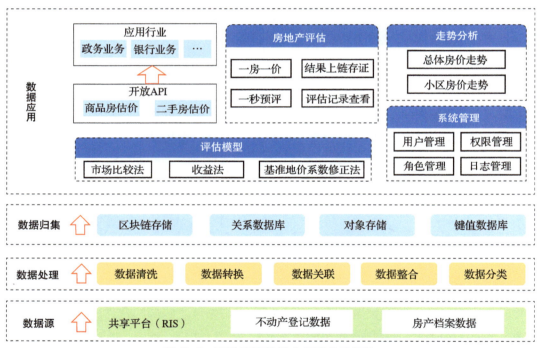

图 5-3　不动产区块链应用系统的架构

4. 娄底市不动产区块链信息共享平台

- 应用场景:不动产登记与交易管理。
- 解决方案:娄底市不动产区块链信息共享平台的架构如图 5-4 所示,从现有的不动产相关单位系统获取业务数据,然后基于区块链基础网络将数据存储上链。在区块链平台上,使用大数据技术对数据进行处理后,提供一系列的

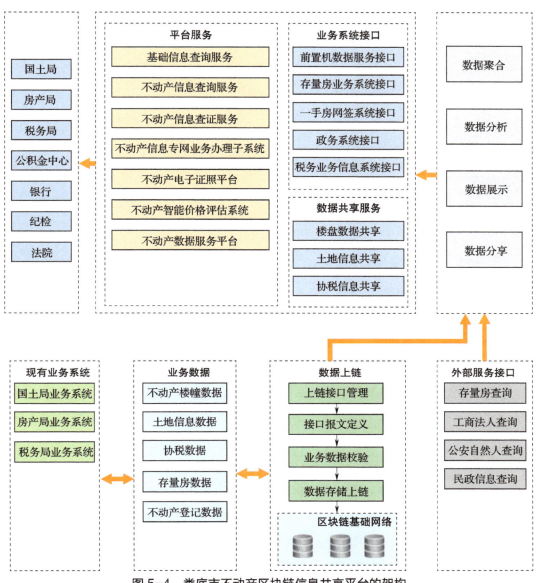

图 5-4 娄底市不动产区块链信息共享平台的架构

平台服务，用户可以通过平台服务接口直接办理各项业务。

> 建设成效：娄底市不动产登记中心充分利用区块链技术，推广"互联网＋不动产登记平台"建设，通过区块链共享平台，整合共享居民身份证、户籍管理、婚姻状况、企业营业执照等信息，按业务类型获取登记材料，记录核查结果，减少登记收件材料。通过网上"一窗办事"平台，与税收征管等系统无缝衔接，实现转移登记一次受理、自动分发、并行办理。同时，推进了"全流程无纸化"网上办理新模式，不动产抵押登记全面启用电子证书、证明和电子材料，开

启不动产抵押登记"无纸化"新模式,实现不动产抵押登记"零次跑",逐步推进不动产登记"无纸化"新模式全业务流程应用。截至2020年年底,该市已实现52万套房屋、110万笔登记业务上链,累计发放区块链电子证照18万份,实现水电过户同步上链。

5.3 区块链 + 云计算

5.3.1 区块链和云计算的联系

区块链的本质就是分布式账本和智能合约。分布式账本是一种在网络成员之间共享、复制和同步的数据库。分布式账本记录网络参与者之间的交易,比如资产或数据的交换。这种共享账本降低了因调解不同账本所产生的时间和开支成本。而智能合约是指交易双方互相联系约定规则,谁都不能更改,以防止赖账。

从定义上看,云计算是按需分配,而区块链构建了一个信任体系,两者好像没什么直接关系,但是区块链本身就是一种资源,有按需供给的需求,是云计算的一个组成部分。云计算技术和区块链技术之间可以互相融合。

(1)**从宏观上看** 利用云计算已有的基础服务设施或根据实际需求进行相应改变,可加速开发应用流程,满足未来区块链生态系统中初创企业、学术机构、开源机构、联盟和金融等机构的需求。对于云计算来说,"可信、可靠、可控制"被认为是云计算发展必须翻越的三座山,而区块链技术以去中心化、匿名性和数据不可篡改为主要特征,这与云计算的长期发展目标不谋而合。

(2)**从存储上看** 云计算的存储和区块链内的存储均由普通存储介质组成。而区块链里的存储是作为链里各节点的存储空间,区块链里存储的价值不在于存储本身,而在于相互链接不可更改的块,是一种特殊的存储服务。云计算确实也需要这样的存储服务,如结合"平安城市",将数据放在这种类型的存储里,利用不可修改性,可让视频、语音、文件等成为公认有效的法律证据。

(3)**从安全性上看** 云计算里的安全主要是确保应用能够稳定、可靠地运行,而区块链内的安全是确保每个数据块不被篡改,数据块的记录内容不被没有私钥的用户读取。如果把云计算和基于区块链的安全存储产品相结合,就能设计出加密存储设备。

5.3.2 区块链在云计算中的应用

近年来，区块链技术在云计算领域内的应用逐渐增多。随着互联网的不断扩张，数据量呈爆发式增长，同时数据权限、隐私等问题日益受到重视。而区块链技术，凭借其去中心化、不可篡改的特性，成为保证数据安全的有效工具。区块链技术在云计算中的应用主要有以下几个方面。

（1）存储　数据存储一直是云计算的重要功能，而云存储基于各种算法确保文件的完整性、可靠性和安全性，结合区块链技术更能满足这些要求。采用区块链来存储数据文件，可以将文件的哈希值嵌入区块链中，使其成为不可篡改的证明。

此外，通过引入智能合约，存储数据合同的执行也可以实现自动化，即用户上传数据文件至云端，账户便自动扣除所需费用，无须人为操作，提高数据存储和管理的效率。

（2）安全　传统的云计算架构为去中心化结构，数据和操作都交给云服务商管理，因此数据的安全性容易受到威胁。而区块链技术采用去中心化的方式存储和交易数据，因此不易被攻击。同时，区块链技术的智能合约也可以保障用户的身份和交易安全。例如，通过将公钥、私钥集成到智能合约中，可以确保数据安全。

（3）共识　共识机制在区块链中非常重要，可通过共识来验证交易的合法性和一致性。同样，在云计算中，共识机制也具有重大意义，可以确保云计算的可靠性和稳定性。共识机制的引入，使得云计算使用更加安全和有效。

（4）合作　区块链技术也为云计算合作提供了新的可能性。云计算合同通常需要双方制定合约，严格约束每一方的责任和利益。而区块链技术可以自动化和透明化这些过程，降低合作成本，提高效率。另外，智能合约还可以为云计算方案提供更灵活的合作形式。例如，双方可以基于合约的自动化执行，进行不同方案的试验和测试，以确定哪种方案更为优秀。这样就可以实现更加优秀的云计算方案。

5.3.3 案例：工业互联网供应链云平台

1. 应用背景

2022年，我国首部数字经济五年规划《"十四五"数字经济发展规划》的出炉，给智慧物流和数字供应链发展送来春风。而长期占据我国社会物流总费用90%左右的制造业，也迎来物流数字化和供应链一体化发展的新契机。

作为工业全要素、全产业链、全价值链连接的枢纽，工业互联网目的在于实现设备、企业、人、机构之间的可信互联。因此，对工业互联网中数据要素的有效管理至关重要，这直接制约工业互联网中不同参与方之间的可信度和协作。工业区块链即是将区块链技术运用到工业互联网领域，为工业互联网上的数据交换共享、确权、确责以及海量设备接入认证与安全管控等注入新的"安全因子"。

2. 拟解决的问题

工业互联网供应链云平台拟解决的问题：

- 网络安全问题。中心化网络架构和单向反馈身份认证体系给网络安全造成威胁，影响工业生产安全运行。
- 数据孤岛问题。工业互联网目前仍以网络转发和内外网隔离传输方式为主，无法提供低时延、高可靠、高灵活的转发服务。当进行大体量数据传输时，容易出现传输错误、传输中断等问题，严重影响正常的业务流转。
- 数据自信任问题。工业互联网是将设备作为信息节点融入企业整个信息化的管理中心，部分数据仍在工业现场由单节点采集和上传到中心服务器，存在数据非法篡改、质量缺损、验证维护成本高、监管不足等问题。
- 高度细微化协同问题。随着海量多源异构数据不断汇集和产业链不断延伸，基于互联网的产业协同已不能完全满足多主体之间的数据高效分发与计算，无法做到高度细微化协同。

3. 工业互联网供应链云平台介绍

供应链是一个商流、物流、信息流、资金流所共同组成的，并将行业内的供应商、制造商、分销商（零售商、批发商）、终端用户串联在一起的复杂网链结构。而基于工业互联网的标识解析技术与区块链技术作为一种大规模的协作工具，与生俱来地适合运用于供应链领域。

工业互联网供应链云平台的架构如图5-5所示，主要包括标识解析服务平台和区块链数据共享中心。在标识解析服务平台中，可以给物料分配注册标识码，并将该信息存储到云平台；在区块链数据共享中心，供应链相关方可以查询反馈信息。

4. 中移链的"一物一码"绿色供应链平台

在工业和信息化部公布的2022年区块链典型应用案例名单中，中国移动牵头申报的"基于中移链的'一物一码'绿色供应链平台建设"成功入选。

- 应用场景：工业互联网供应链。
- 解决方案：基于中移链的"一物一码"绿色供应链平台以区块链设计理念，

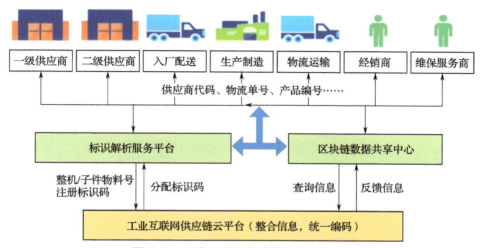

图 5-5　工业互联网供应链云平台的架构

将供应链管理与工业互联网结合，通过区块链源头追踪功能实时追踪物料流转信息，为供应链中的物流信息提供认证服务，支撑工业互联网跨企业业务协同，实现供应链全链透明管理。

➢ 建设成效：中国移动已深耕区块链领域多年，推出了中移链及中移链（CMBaaS）开放网络等多项技术和能力，"区块链+"行业应用也取得明显成效，截至 2022 年 6 月，已布局智慧城市、数字资产、金融服务、数字政务、供应链溯源、医疗健康、数字藏品等 11 条赛道，落地近 40 个应用场景。

▶ 微课 41　　▶ 微课 42　　▶ 微课 43

5.4　区块链 + 5G

5.4.1　区块链和 5G 的联系

区块链采用分布式架构，节点之间采用广播通信保持信息的同步，会产生巨大的数据流量需求，消耗海量的网络资源，因此区块链存在延时高、交易速率慢、基础设备要求高等问题。区块链在物联网的应用上具有广阔的前景，但现阶段物联网的建设成本高，速率慢，连接数限制，阻碍了区块链的行业应用推广。5G 的高带宽和海量连接可以解决区块链的这些痛点，为区块链进入万物互联时代提供坚实的网络基础。

（1）提升系统速度　　现有的无线通信网络传输速率较低，会导致区块链的交易速度慢，制约了区块链在物联网领域的推广。5G 的建设可以较好地缓解这个问题，在保证区块链去中心化的同时，加快交易处理。

（2）提高网络的稳定性　　区块链是点对点的分布式系统，每个节点都保存了区块链内的全部信息，每一笔交易和信息更新都需要同步到其他节点上，所以数据同步对于区块链极其重要。5G 的高速率、低时延特性能够加快区块链的数据同步，提高共识算法的效率，区块链中各类应用的稳定性也将得到质的飞跃。

（3）万物互联　　5G 将迎来万物互联的时代，5G 从构想之初就设计了对海量连接的支持，具备了海量的物联网容量。同时，5G 中 D2D（Device to Device，终端直通）网络允许设备直接通信，减少中转，提升了物联网设备的处理效率，提高了网络性能，更好地满足了区块链的带宽需求。5G 的推广应用，为区块链向各个细分领域的延伸提供了网络基础和性能保证。

5.4.2　区块链在 5G 中的应用

1. 区块链技术为 5G 提供高效的信用体系

与 4G 完善了人与人的连接相比，5G 在人与物、物与物的连接上实现了质的突破，但也使得网络的连接数、流量需求、管理难度呈指数级增加，传统的中心架构难以适应新的发展。在传统架构中，心是管理的核心，设备之间的连接、资源的调度都需要通过中心予以实现。可是在 5G 普及后，终端设备的百倍乃至千倍的增长会给中心的管理和调度带来极大的压力。仅海量物联网设备的接入和脱离就可能导致传统中心架构的认证鉴权系统崩溃，严重影响网络的正常运营，甚至瘫痪。同时，中心的存在，就意味着边界，不同中心的终端的连接将变得复杂烦琐。可是没有中心，没有第三方机构的背书，那么设备的信任、可靠和安全性就无法得到保障。

区块链技术的去中心化、历史记录防篡改、信息及操作可溯源等特点可以较好地解决上述难题。区块链允许遵守设定规则的基站和设备直接接入，提供和接受服务，中心至多提供初始的信用设定，设备不必频繁与中心进行交互。每个 5G 设备自身就是一个微中心，拥有自己的区块链地址，并使用加密技术和安全算法确权，防止数据被篡改，保障数据可溯源，维护自身的身份和信用，并决定是否允许其他设备的连接，实现去中心、分布式的管理和信用体系。

不仅如此，区块链的去中心化、防篡改的特性，适合对数据保护要求严格的场景。区块链可以重构网络安全边界，建立设备之间的信任域，侧链技术可以将区块数据隔离，使 5G 设备之间安全、可信、互联。同时，区块链作为一种分布式的数据结构，无第三方参与，设备数据可避免由第三方引起的数据泄露隐患，所有交易均被永久、完整、直接地记录在区块链分布式的各个节点上，数据完整性、可用性和可追溯获得保证，不但能够防止出现中心数据库的原始数据被篡改和盗窃的情况，用户也可以随时查询历史信息和操作。

2. 区块链推动宏微基站协同，提升网络性能，节约建设成本

5G 在拥有高性能的同时，也存在频率高，衰减快，穿透性差的缺陷，且建设成本高，难度大。此外，5G 应用对流量需求更大，物联网爆发性的增长进一步推高了建设投资。5G 中 D2D 网络，允许设备与设备之间进行通信，这使得每一个物联网设备都可以成为一个"微基站"。在 D2D 网络中，不仅设备之间可以不通过基站高速直连，还可以发挥闲置的带宽资源，比如为信号弱的设备提供中继。D2D 网络充分发挥了联网设备的作用，减少了室内、人力密集等场景的网络建设成本和难度，有效节省投资，提升了网络健壮性。

而区块链能够协助 D2D 网络实现去中心化、跨运营商。无论是来自运营商还是工业互联网企业的任一物联网设备，只要遵守区块链规则，不是恶意用户，都能够参与进来，成为"微基站"和区块链入口，用户可以通过区块链智能合约变现自己的闲置流量或者能力，在基站协调下，共同提供均衡、优质的网络体验。

5.4.3 案例：5G+"云天麻"产业全流程管理应用项目

1. 应用背景

2021年，国务院办公厅印发《关于加快中医药特色发展的若干政策措施》支持中医药特色发展。国家对中药材行业的管理和支持，促进了天麻市场的发展。

天麻主产于我国，其球茎是补脑、镇静、安眠的良药，迄今已有两千多年的应用历史。现代药理学研究表明，天麻具有镇静、降压、抗炎、抗氧化等作用，临床上主要用于治疗心脑血管病、冠心病、神经衰弱综合征、惊风抽搐等。

目前我国天麻有相当一部分是作为鲜麻食用，一部分以干品天麻在医药市场消费，另有一小部分制成初级产品（天麻片、天麻粉）和精加工产品（如天麻胶囊、天麻丸、天麻酒、天麻超微粉等），作为保健品消费。

2. 拟解决的问题

天麻的品质和种植环境、采摘时节等多方面因素有关，同时其内部成分的含量也受到很多因素的影响，所以品质不够均匀的问题一直是天麻产业发展的难题，天麻产业转型发展势在必行。

3. 产业全流程管理应用项目介绍

受多种因素的影响，一直以来天麻产业化程度较低，转型发展势在必行。5G+"云天麻"产业全流程管理应用项目于2021年12月在昭通市彝良县启动建设，第一阶段所有软硬件系统已经全部建成并投入使用。

4. 5G+"云天麻"产业全流程管理应用项目

- 应用场景：天麻产业。
- 解决方案：该项目运用多元技术手段，以信息化应用为基础、产品全生命周期追溯为方式，广泛采集产业大数据，汇集于产业平台，通过智能化分析提炼数据价值，赋能产业数据治理、质量监督、安全生产、市场指导、产销提升、市场销售及科研发展，以数字化体系的建设实现彝良县天麻产业的全方位提升。
- 建设成效：①在种植方面，5G+"云天麻"产业全流程管理应用项目收录了彝良县的天麻相关数据，包括加工户、合作社、天麻农户的信息，还对当地天麻种植的规模、环境、气候、生长过程等数据进行统计，以此预估天麻的产量，形成风险防范预警信息，为相关部门出台与产业相关的政策和解决相关的产业问题提供决策基础。②该管理应用项目助力天麻交易逐步由线下转为数字化交易，通过收集统计各个等级的天麻真实成交价格和交易量，帮助制订天麻价格指数，为交易双方提供价格指导和参考。③该管理应用项目帮助昭通天麻实现了产品全生命周期溯源，让消费者放心买到正宗昭通天麻，对区域品牌建立和品质保障起到支撑作用。

5.5 区块链+物联网

5.5.1 区块链和物联网的联系

1. 物联网存在的问题

物联网（Internet of Things，IoT）是传统互联网和电信通信网络深度结合的产物，实现了相互之间独立物品个体的万物互联。物联网技术在物流与运输、供应链管理、供应链金融、工业信息化、智慧城市、自动无人驾驶等方面有着深度的应用前景。

近年来物联网渐成规模，但在发展演进过程中仍存在诸多难以解决的问题。

1）在个人隐私方面，中心化的管理架构无法自证清白，个人隐私数据被泄露的事件时有发生。

2）在扩展能力方面，目前的物联网数据流都汇总到单一的中心控制系统，未来物联网设备数将呈几何级数增长，中心化服务成本难以负担，物联网网络与业务平台需要有新型的系统扩展方案。

3）在网间协作方面，目前很多物联网都是运营商、企业内部的自组织网络，涉及跨多个运营商、多个对等主体之间的协作时，建立信用的成本很高。

4）在设备安全方面，缺乏设备与设备之间相互信任的机制，所有的设备都需要和物联网中心的数据进行核对，一旦数据库崩塌，会对整个物联网造成很大的破坏。

5）在通信协作方面，全球物联网平台缺少统一的技术标准、接口，使得多个物联网设备彼此之间的通信受到阻碍，并产生多个竞争性的标准和平台。

2. 区块链对物联网的重要影响

区块链凭借"不可篡改""共识机制"和"去中心化"等特性，将对物联网产生以下重要影响。

1）降低成本：区块链"去中心化"的特性将降低中心化架构的高额运维成本。

2）隐私保护：区块链中所有传输的数据都经过加密处理，用户的数据和隐私将更加安全。

3）设备安全：身份权限管理和多方共识有助于识别非法节点，及时阻止恶意节点的接入和作恶。

4）追本溯源：数据只要写入区块链就难以篡改，依托链式的结构有助于构建可证可溯的电子证据存证。

5）网间协作：区块链的分布式架构和主体对等的特点有助于打破物联网现存的多个信息孤岛桎梏，以低成本建立互信，促进信息的横向流动和网间协作。

5.5.2 区块链在物联网中的应用

区块链在物联网的应用非常广泛，尤其是在智能设备互联、协同、协作等方面具有明显的优势。

万物互联是未来的发展趋势，比如，家居智能系统使我们可以用一部手机远程控制家中的所有电器。近年来，随着科技的进步，物联网得到了快速发展。利用区块链的智能合约，我们可以通过接口和物理世界的房间钥匙、酒店门卡、车钥匙、公共储物柜钥匙进行程序的对接，可以达到区块链上一手交钱、物理世界一手交货的如原始交易般的效果。

5.5.3 案例：食品追溯体系平台

1. 应用背景

食品安全是全国各地都在高度关注的社会热点，完善突发性食品安全公共责任应急管理机制，通过新科技保障大众的食品安全责任问题；在保障食品供应体系安全的前提下进一步提升诚信经营，可信防伪是相关部门的工作重点。

2022年，国家市场监督管理总局、国家卫生健康委员会等监管部门发布了一系列食品行业监管政策，比如，2022年3月15日，市场监管总局发布修订后的《食品生产经营监督检查管理办法》正式施行。2022年8月18日，国家卫生健康委员会发布通知，印发了《食品安全标准与监测评估"十四五"规划》。2022年9月26日，国家市场监督管理总局发布《企业落实食品安全主体责任监督管理规定》。

2. 拟解决的问题

（1）企业能动性不高　企业的客观情况是成本高、管理难；主观上存在侥幸、观望、逃离监管等认识误区。

（2）市场监管落实难　市场监管缺乏统一部署，全局联动，预期效果不佳；无法准确落实市场监管的目标。

3. 基于区块链的追溯体系平台介绍

基于区块链的追溯体系平台的具体介绍如下。

（1）三个业务平台　分别是食品安全追溯平台、物联网基础平台、区块链基础平台。

（2）一个电商平台　即食品安全采销平台。

（3）多个对外服务框架　包括不限于企业追溯 SaaS 服务标准、数据可视化引擎等。

（4）平台架构　平台架构如图 5-6 所示。

基础设施层：云基础设施资源。

数据存储服务层：数据库、区块链分布式账本。

平台基础服务层：业务引擎与服务调度、大数据算法与模型等。

数据提供服务层：统一 API 接口服务与 API 安全防护。

行业应用服务层：溯源优选电商、SaaS 企业应用、行业解决方案、数据可视化、消费者查询等。

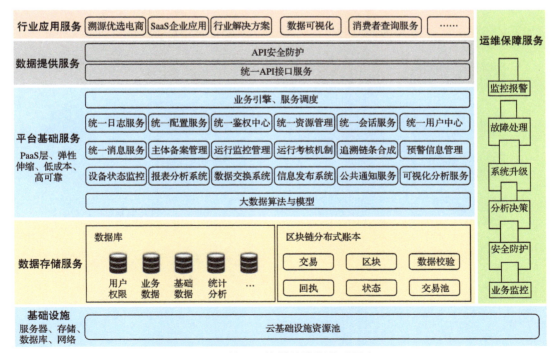

图 5-6　基于区块链的追溯体系平台

（5）平台特征　平台特征如下。

采集能力：拥有完善的物联网感知，数据采集与传递技术。

整合能力：具有完整追溯体系的建设能力，具有从源头生产直至末端消费多个环节多种形态的溯源数据合成能力，可以将物联网自动感知与区块链可信防伪特征进行应用结合。

可信能力：依托国家及行业标准和规范，业务数据规范，系统安全可靠。

展示能力：以数据可视化为基础，图形化数据监管展示。

应用能力：根据用户需求，提供更多成熟的数据分析方法。

4. 湖南宁乡食品追溯平台

➤ 应用场景：以食品追溯系统搭建和溯源数据运营为核心目标，在满足国家相关标准、规范共性的要求下，结合宁乡市个性化需求，建设适用于宁乡市特点的防伪追溯服务平台。

➤ 解决方案：湖南宁乡食品追溯平台的架构如图5-7所示，首先基于现有的信息化基础，采集数据完成数据交换整合，同时与物联网自动感知和区块链可信防伪特征相结合；在数据合成的基础上，实现基础的服务平台；最后基于该食品追溯平台，完成上层的应用开发。

➤ 建设成效：宁乡市建立了食品安全采销平台的区域公信力，拉升了通过认证的产品附加经济价值。

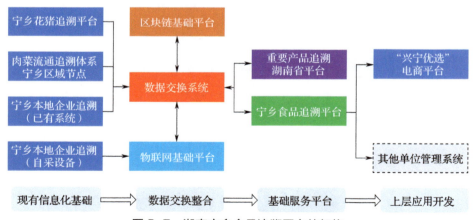

图5-7　湖南宁乡食品追溯平台的架构

思考与练习

【单选题】

1. 人工智能使生产力智能化,区块链使(　　)智能化。
   A. 生产工具　　　　　　B. 社交工具
   C. 人际关系　　　　　　D. 生产关系

2. 云计算发展的关键因素不包括(　　)。
   A. 可信　　　　　　　　B. 可扩展
   C. 可靠　　　　　　　　D. 可控制

3. 以下哪项不属于区块链技术的特点(　　)。
   A. 去中心化　　　　　　B. 高速率
   C. 历史记录防篡改　　　D. 操作可溯源

【问答题】

1. 人工智能和区块链有着怎样的关系?
2. 物联网发展面临的最大挑战是什么?
3. 区块链在5G时代有什么样的作用?

第 6 章
区块链的应用

区块链的应用已从单一的数字货币应用,例如比特币,延伸到经济社会的各个领域,区块链应用场景概况如图 6-1 所示。区块链在金融、政务、能源、医疗、知识产权、司法、网络安全等行业领域的应用逐步展开,正成为驱动各行业技术产品创新和产业变革的重要力量。考虑到各个行业应用的可行性、成熟度和重要性,本章列举了金融、信息安全、生态环境、智能交通 4 个行业的应用场景。

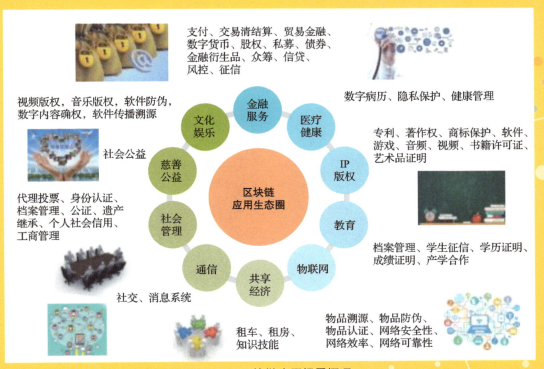

图 6-1 区块链应用场景概况

区块链概论

知识目标

- 理解区块链在各行业应用的基本逻辑。
- 掌握区块链在金融领域、信息安全领域、智能交通领域和生态环境领域的应用情况。
- 了解大型区块链项目。

科普素养目标

- 通过学习区块链在各领域应用前景,形成正确的科学态度。
- 通过了解大型区块链项目,增强科学自信。

微课 47

6.1 区块链应用的基本逻辑

首先，区块链是一种去中心化的技术，没有中心化的管理者，所有交易都被记录在分布式的记账簿（区块）中。这就保证了数据的安全性和可靠性。每个区块都包含了多个交易信息，并在网络中被广播传播。所有节点都会同步更新这些数据，以确保数据的完整性和一致性。

其次，区块链技术提供了一个安全的交易环境。由于数据被加密存储和传输，每个交易都需要经过验证才能被确认和记录在区块中。而且，一旦数据被写入区块，就无法篡改或删除。这使得区块链成为一个可信赖的交易平台，无须依赖第三方机构进行信任认证和风险评估。

最后，区块链技术具有良好的可扩展性和透明度。通过增加节点，增加网络难度，以及通过激励机制来提高区块链的安全性，可以有效地提高系统的可扩展性。同时，所有交易信息都被公开记录在区块上，任何人都可以查看和验证，这使得区块链具有极高的透明度。

总的来说，区块链应用的逻辑是去中心化、数据安全、交易可信和公开透明，这些特点使得区块链在金融、医疗、物流等各个领域都有广泛的应用前景。

微课 48　微课 49　微课 50
微课 51　微课 52　微课 53

6.2 区块链与金融

金融服务是区块链技术的第一个应用领域，不仅如此，由于该技术所拥有的高可靠性、简化流程、交易可追踪、节约成本、减少错误以及改善数据质量等特质，使得其具备重构金融业基础架构的潜力。

1. 三大金融业务痛点

（1）跨境支付成本高、效率低　随着跨境电商、跨境旅游（机票、酒店、旅游服务）、留学教育等商业和消费场景的飞速发展，跨国、跨地区资金流动规模大大增加，但在传统跨境支付过程中，存在外汇交易价格不透明、支付佣金成本高、支付到账慢、无法全额到账、不确定性高等痛点。一方面，通过银行、国际汇款公司、卡组织等传统个人汇款渠道，不仅成本高、操作不便，而且在手持现金汇款、提取现钞的过程中存在安全隐患；另一方面，柜台汇款、取款排队时间长、汇款体验差，而且通常在银行、汇款公司歇业期间无法办理个人汇款业务。

（2）供应链金融发挥作用有限　　根据原中国银行保险监督管理委员会数据，至2020年3月末，全国普惠型小微企业贷款余额12.55万亿元，同比增速25.93%，但仅占全社会实体经济贷款余额7.9%的资金。具体以供应链金融当中的核心——应收账款为例，应收账款融资对于帮助中小微企业盘活应收账款、加速资金流通、缓解债务危机、保障企业正常生产经营和发展具有重要的现实意义，但鉴于应收账款依托企业间的交易产生，常常比较封闭，真实性缺乏权威认证与背书，很难进行确权，导致融资受阻，这成为供应链金融市场规模巨大却一直很难突破的重要阻碍。

（3）虚假仓单、多重质押阻碍融资创新　　仓储行业的快速发展与成熟使得资金方与借款方开始在第三方物流企业对商品进行储存和监管下完成融资借款。存货融资出现了允许部分商品出库的动态质押、仓单质押等多种延伸方式。但是诸如虚假仓单、多重质押等问题频发，作为资金提供方的金融机构屡遭重创，不得不收紧放贷，仓单融资变得愈发困难。而且目前参与银行融资的仓单占比较低，中小微企业和贸易商等借款方的融资需求远远没有被满足，如何解决资金方面临的困境，搭建借款方和资金方的信任桥梁是解决仓单业务的重中之重。

2. 基于区块链的解决思路

传统的金融交易需要通过银行证券以及交易所等中心化机构或组织的协调来开展工作，而区块链技术无须依附任何中间环节，即可构建一种点对点式的数据传输方式，极大改善了交易速率和成本，简化了相应的业务流程。除此之外，区块链技术能直接创建支付流，可以跨国跨境实现超低费率的瞬时支付。

区块链技术具有数据不可篡改和可追溯特性，可以用来构建监管部门所需要的、包含众多手段的监管工具箱，以利于实施精准、及时和更多维度的监管。同时，基于区块链技术能实现点对点的价值转移，通过资产数字化和重构金融基础设施架构，可达成大幅度提升金融资产交易结算流程效率和降低成本的目标，并可在很大程度上解决支付所面临的现存问题。

下面列举了数字货币、支付清算、数字票据三个典型应用场景。

6.2.1 数字货币

数字货币最早可追溯至1983年美国计算机科学家大卫·乔姆（David Chaum）所提出的E-Cash（电子现金）系统，但直到2008年中本聪的论文《比特币：一种点对点的电子现金系统》发表，数字货币才逐渐得到重视。该文提出了一种基于区块链技术、去中心化的全新电子交易体系，使人们对数字货币有了全新认识。2019年，脸书（Facebook）发布Libra白皮书，倡导建立去中心化、无国界的数字货币体系，引发了全世界几乎所有国家中央银行和金融监管机构的反对，认为Libra将会冲击各国法定货币。与此同时，各国政府开始考虑发行自己的央行数字货币，我国也加快推进央行数字货币进程。

1. 数字货币的定义

数字货币又称加密货币（Cryptocurrency）或虚拟货币（Virtual Currency）。数字货币是一种不受管制的、数字化的货币，通常由开发者发行和管理，被特定虚拟社区的成员所接受和使用。欧洲银行业管理局将数字货币定义为：价值的数字化表示，不由央行或当局发行，也不与法币挂钩，但由于被公众所接受，所以可作为支付手段，也可以电子形式转移、存储或交易。全球代表性数字货币有比特币、以太坊、瑞波、Z-Cash等，具体内容见表6-1。

表6-1 全球代表性数字货币

数字货币	比特币（Bitcoin）	以太坊（Ehereum）	瑞波（Ripple）	Z-Cash
整体设计	电子加密货币 智能合约支持弱 没有图灵完备的智能合约开发语言	电子加密货币 智能合约 图灵完备的智能合约开发语言	电子加密货币 特定场景应用 暂无智能合约支持	电子加密货币 零知识证明 无智能合约
区块链的支持（共享账本）	公有链 无限制进入 公开账本 匿名制 无法审计	公有链 无限制进入 公开账本 匿名制 无法审计	联邦链 准许制 支持金融机构各自交易的私密性	公有链 无限制进入 非公开账本 匿名制 无法审计
共识算法对比	PoW：计算机密集工作量证明机制（挖矿）	Dagger：一种内存消耗性PoW	RPCA瑞波共识算法	EquiHash：一种高内消耗的挖矿方式
交易容量	10min出块 每秒7笔交易	15s出块 每秒数百笔交易	3~6s出块 每秒1000笔交易	2.5min出块 每秒数百笔交易
市场应用	比特币交易所 数字资产代币 侧链/闪电网络	以太坊交易所 数字资产代币 分布式智能合约应用	外汇兑换 跨境结算 银行间报文交换	"挖矿"奖励 代币交易

2. 数字货币的分类

数字货币的分类如图6-2所示。数字货币按照发行者的信用,分为央行数字货币和私人数字货币。前者信用来自中央银行,后者信用来自私人信用。这种私人信用既可以来自纯粹的算法和机器(比特币),也可以来自算法、机器和支持资产、发行者信用的混合(稳定币)。

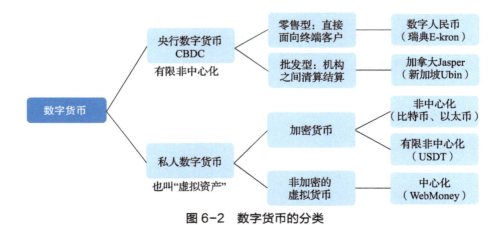

图6-2 数字货币的分类

(1)央行数字货币 央行数字货币(Central Bank Digital Currency,CBDC)在一些情况下也被称为数字化法定货币(Digitalized Fiat)或者数字法定货币(Digital Fiat Currency),特指央行借鉴区块链技术,采用密码学、分布式账本等技术,以数字化形态发行和交易的法定货币。其本质上仍然是法定货币,与央行发行的纸币、硬币具有同等的法定清偿地位。

央行数字货币可分为两种发行模式:批发式和零售型。

1)批发式央行数字货币仅在商业银行和某些金融机构之间进行大额清算(目前,结算仍然需要定期通过中央银行进行)。由于批发式央行数字货币不面向普通使用者,仅用于金融机构之间的清结算,而现有金融体系中金融机构也通过在央行的电子形态准备金进行电子化清算,因此,批发式央行数字货币至多可以理解为金融机构之间清算方式的技术变革。批发式的典型为加拿大中央银行的Jasper项目、新加坡金融管理局的Ubin项目。

2)零售型央行数字货币面向普通公众,发行后直接记载在中央银行的电子账簿上和分布式的商业银行账簿上,由央行的数字签名声明其价值背书,是拥有者对货币权利的证明。这种电子化的现金交易可以在使用者之间点对点进行,是一种数字化现金。零售式的典型是中国人民银行发行的央行数字货币"数字人民币"。所以,在一般意义上,我们所谓的"央行数字货币"仅指零售式央行数字货币。

> 案 例

数字人民币

数字人民币是我国的央行数字货币。数字人民币属于法定货币，由央行中心化发行和管理，定位于 M0，作为现钞的数字化形式，价值、功能属性都和现钞类似。数字人民币采用"央行—商业银行"双层运营模式，即"二元体系"。央行负责第一层的数字人民币制作发行，按照 100% 准备金兑换给第二层的商业银行。商业银行则面向群众，负责数字人民币的转移和确权，并基于用户绑定的银行账户进行兑换，用户可在数字人民币钱包（母钱包）下开立一个或多个由商业银行运营的子钱包。截至 2022 年 8 月 30 日，支持数字人民币钱包的运营机构有 10 家，包括中国银行、工商银行、农业银行、建设银行、交通银行、邮储银行、微众银行、网商银行、招商银行、兴业银行。

（2）私人数字货币　　私人数字货币在我国被称为"虚拟货币"，是针对"法定货币"而提出的。亦如前所述，在比特币诞生后，"虚拟货币"的"虚拟"一词对应的是"真实"，"虚拟货币"对应的是"真实货币"，也即"法定货币"。"加密"更多是技术视角，而"虚拟"则是信用本质视角。各国普遍表示，比特币等私人数字货币不是法定货币，并不断向投资者进行风险提示。各国央行和监管机构普遍表示，私人数字货币不具有普遍的可接受性和法偿性，本质上不是货币。

根据 Cryptocurrencies 网站数据，截至 2022 年 3 月，出现比特币、以太坊币、瑞波币等 12461 种私人数字货币，总市值达到 2059 亿美元。其不断增长的规模和逐渐被市场认可的货币属性使得各国监管机构很难再将其仅仅视为科技创新的小实验或者另类投资品种。

> 案 例

比特币

比特币为一种典型的私人数字货币，是区块链技术在全球的首个实际应用案例。2008 年全球金融危机爆发后，主要发达国家先后实施非常规货币政策，出现流动性快速增加、货币贬值等问题，引发市场对中央银行货币发行机制的质疑。比特币提出的"发行量恒定""去中心化""全体参与者共同约定"等理念，在一定程度上契合了公众对改进货币发行机制的诉求，因而获得了一定的尝试和发展空间。

近年来，随着后续投资者快速增长和入场资金大幅增加，以及多数持币者囤积居奇，比特币的供需失衡不断加剧，价格总体呈现大涨大落趋势，并出现较为明显的投机炒作现象。从消费者权益保护角度，中国、美国、欧洲、加拿大、俄罗斯、新加坡等监管机构均发布了风险提示，提醒数字货币参与者关注投资风险、技术风险和法律风险，并防范黑客攻击、反洗钱、反恐怖融资、依法纳税等方面的潜在风险。根据数字货币的主要服务提供商（Coin Market Cap）综合多个交易平台数据生成的价格，自2009年问世至今，比特币价格由0美元涨至2017年年底的1.3万美元，最高价位为2021年11月10日的6.88万美元，之后一路走跌。截至2023年2月，比特币价格为2.28万美元，较最高点下跌逾三成。

案例

Libra

2020年，脸书创建了加密货币Libra，Visa、Mastercard、Paypal、Uber等大机构都参与其中。该加密货币与比特币的区别在于，Libra具备实际的资产作为抵押，追求实际购买力与相对稳定，同时可以超越主权范围。

在Libra区块链系统上，一个Libra积分等于1美元，这个价格是稳定不变的。根据Libra白皮书，创造Libra只能通过法定货币1∶1购买Libra，法币也将转入储备金。储备的规模决定Libra的实际价值，或有波动，但是很小。Libra白皮书显示，Libra运行于Libra区块链之上，它是一个目标成为全球金融的基础架构，可以扩展到数十亿账户使用，支持高交易吞吐量。Libra协会（2020年12月，Libra协会改名为Diem协会）成员涵盖了全球支付、区块链、电信及风险投资的主流公司，形成较为可靠的信用背书能力。Libra挂钩一揽子主流国际交易货币（包括美元、欧元、日元、英镑和新加坡元），解决了私人数字货币普遍存在的价格波动剧烈问题。

案例

EOS

EOS（Enterprise Operation System，商用分布式设计区块链操作系统）是一个基于区块链技术的去中心化应用平台，旨在为开发者提供一个可扩展的、可定制的、可伸缩的基础架构，以支持他们开发和部署分布式应用程序。EOS可以支持数据票据、智能合约、数字身份验证等功能。此外，EOS还提供了一个可扩展的支付清算系统，可以支持大规模的财务交易，以及财务账户之间的资金流动。

EOS最初是以太坊上的ERC20代币，但它仅作为一个临时解决方案，很快在2018年，代币被转移到了主网EOSIO。EOSIO被设计为用于区块链技术和加密货币的实际应用的平台，它整合了旨在实现DApp的垂直和水平缩放的区块链架构。EOS

代币是一种原生代币，反过来亦可为区块链协议提供动力。

EOS 的主要特点如下：

- 快速交易。借助并行处理技术，EOS 可以在几秒钟内执行转账。目前，EOS 每秒可处理超过 3000 个交易，而以太坊网络只能执行 15 个。
- 免费交易。EOS 的撒手锏功能是它完全不收取交易费用。
- 独特的 DPoS（股份授权证明机制）算法。它是 PoS（权益证明）的演进版本，更便宜，更快，并且不需要很多计算能力。该算法仅使有限数量的用户参与区块生成和交易验证。
- 自给自足的奖励。EOS 被设计为自给自足且不断发展。假设每年的通货膨胀率为 5%，这将反过来用于支付矿工作为验证交易的费用，和该网络的进一步发展。

6.2.2 支付清算

现阶段商业贸易交易清算支付都要借助于银行，这种传统的通过中介进行交易的方式要经过开户行、对手行、央行、境外银行（代理行或本行境外分支机构）等机构。在此过程中每一个机构都有自己的账务系统，彼此之间需要建立代理关系，需要有授信额度；每笔交易需要在本银行记录，还要与交易对手进行清算和对账等，导致交易速度慢，成本高。

业界普遍认为，支付行业可能会首先成为区块链应用的重点领域。例如，2015 年年底，纳斯达克市场推出了基于区块链技术的交易平台，用以实现部分非流通股票的交易和结算。瑞银集团在伦敦成立了区块链研发实验室，探索区块链在支付结算等方面的运用。中国银联与国际商业机器公司（IBM）合作，在 2016 年尝试推出了基于区块链技术的跨行积分兑换系统。

1. 支付清算的定义

支付清算是指在支付系统中，支付服务提供商和支付接收方之间的资金转移过程。它是一种金融服务，可以帮助支付服务提供商和支付接收方安全地进行资金转移。在支付清算过程中，支付服务提供商会收取一定的手续费，以确保资金的安全转移。支付清算过程也可以帮助支付服务提供商和支付接收方确保资金的安全性，以及支付过程的可靠性。

与传统支付体系相比，区块链支付为交易双方直接进行，不涉及中间机构，即使部分网络瘫痪也不影响整个系统的运行。如果基于区块链技术构建一套通用的分布式银行间金融交易协议，为用户提供跨境、任意币种实时支付清算服务，则跨境支付将会变得便捷和成本低廉。区块链技术在支付清算上的应用并非遥不可及，环球同业银行金融电信协会（SWIFT）作为一个链接了数万家银行的通信平台，已经被新兴崛起的区块链技术所威胁，一些区链初创企业和合作机构开始提出一些全新的结算标准，如 R3 区块链联盟已经制定了可交互结算的标准。

2. 支付清算的发展现状

（1）国外的发展情况　具体情况如下。

2015 年，美国证券交易巨头联手区块链初创公司 Chain.com 正式上线了用于私有股权交易的 Linq 平台。Linq 平台基于区块链技术，将股权交易市场 3 天的标准结算时间直接缩短到 10 分钟，几乎就在交易完成的瞬间完成结算工作，同时让结算风险降低了 99%。

2015 年 7 月，Overstock 创建了 T0 区块链交易平台，销售首个加密债券，使得结算和交易发生在同一时间，这被称为"交易即结算"。

2015 年年底，高盛以比特币区块链为蓝本，开发了通过加密货币进行交易结算的系统 SETLcoin，保证了几乎瞬时的执行和结算。

瑞波（Ripple）是一个全球开放的支付网络，其基于区块链开发的 InterLedger 协议项目，在保持银行等金融机构的各自不同的记账系统的基础上建立了一个全球分布式清算结算体系。

（2）我国的发展情况　具体情况如下。

在国内，区块链的应用开发实践在以金融科技为代表的领域逐渐展开，金融企业、互联网企业、IT 企业和制造企业积极投入区块链技术研发和应用推广中，发展势头迅猛。区块链的应用已延伸到物联网、智能制造、供应链管理、数字资产交易等多个领域。

2016 年国务院印发《"十三五"国家信息化规划》，区块链与量子通信、类脑计算、虚拟现实等被并列为新技术基础研发和前沿布局。

2016 年工信部发布《中国区块链技术和应用发展白皮书》，为各级产业主管部门、从业机构提供指导和参考。

2017 年年初，中国人民银行推动的基于区块链的数字票据交易平台测试成功，央行旗下的数字货币研究所也正式挂牌。

2022 年 1 月，数字人民币（试点版）的应用在各大应用商店上架，微信支付也开始支持数字人民币钱包的开通，意味着数字人民币开始融入百姓日常生活。

区块链技术的意义在于它将成为互联网金融的基础设施。如果说 TCP/IP 实现了机器之间数据传输的可达、可信和可靠，那么区块链技术则首次在机器之间建立了"信任"。互联网被区块链划分出一个"信任"的连接层，可以记载、验证和转移经济价值。

3. 区块链技术对支付清算领域的影响

（1）对中央银行支付清算的影响　目前支付清算体系主要以中央银行为中心进行集中清算与支付，虽然信息技术愈发成熟，大额支付系统、小额支付系统等逐渐完善，但不可避免地会出现信任中介以及中心化等弊端。区块链技术在支付方面是客观公正的，对支付交易的检验与核对的效率有着正面积极的作用。在大额支付系统中利用区块链的数据信息，可以对支付的金额进行快速清算，并检验支付是否存在问题。区块链技术针对小额支付系统，能够定期清算支付的金额，并且大批量处理业务，从而提高中央银行的支付清算效率，确保支付清算工作的客观性。

（2）对 SWIFT 系统的影响　SWIFT 系统的全称是环球同业银行金融电信协会，该协会的主要功能是为银行提供安全性更高的结算服务，但协会需要收取相应的费用，这提高了银行的运行成本。区块链的出现能够实现 $7 \times 24h$ 的运行方式，而且通过数据库的分析，可以对银行的支付进行更快速的清算，缩短了支付清算的时间，避免了信任中介的问题，提高了支付清算的准确性与客观性，因此区块链对 SWIFT 造成了一定程度的冲击。

4. 区块链技术在支付清算领域中的应用

（1）在跨境支付中的应用　跨境支付涉及诸多环节，传统的跨境支付结算中包含了大量的信息修改以及信息查询等内容，需要每个环节的工作人员及时沟通，避免信息出现问题。上述因素导致了跨境清算支付的周期较长，而且在此过程中容易出现信息篡改、交易透明度较低等问题。区块链在跨境清算支付时的典型例子是瑞波的分布式账本清算，银行可以通过瑞波直接进行资金的转移，在资金转移的过程中银行客户不会受到任何影响。这种支付方式极大程度地降低了跨境清算支付的成本，缩短了清算支付周期。通过共享账本，境内银行在确定账户资金符合法律后，可以直接进入境外代理银行的账户，通过境外清算网络将资金发放到收款人手中，从而提高了跨境支付清算的工作效率。

（2）在个人转账中的应用　区块链在个人转账中的应用主要通过瑞波实现。在个人转账时首先要注册瑞波钱包，设置账户信息以及支付密码，在注册的过程中钱包会生成私钥，不需要实名制认证。然后，设置信任网关，网关的主要作用是保障资金在转账过程中的安全性，目前国内有 RippleChina、RippleCN 等安全性较高的网关可以选择。网关设置结束后需要进行充值，在转账时要保障账户中有资金，资金充值时可以选择信誉度较高的平台进行充值。最后，在转账的过程中要输入转账的账户以及转账的金额，完成转账服务。瑞波钱包中充值的金额可以赎回，这在极大程度上保障了资金的安全性，可以及时地进行支付清算工作，降低了转账过程中的时间，提高了个人转账的效率。

6.2.3 数字票据

数字票据是数字金融的重要组成部分，信用信息和票据信息是数字票据发展的前提条件，数字票据依托信用信息及票据信息基础设施开展各项业务，借助各类先进科技手段完善商业信用体系建设，将改善我国商业信用体系基础设施弱、存量数据少、数据覆盖面窄、跨部门协调难等问题，改善商业信用生态，推动社会信用良性发展。

1. 数字票据的定义

数字票据可分为广义和狭义两类概念，广义的数字票据是通过大数据知识和信息的识别、选择、过滤、存储、确权、计价、使用、引导和实现票据资源的优化配置与创新，实现更好地服务经济金融的票据形态；狭义的数字票据特指通过区块链技术手段实现的数字票据产品。数字票据的内涵与外延将随着数字经济、数字金融以及数字票据自身的发展不断充实完善。

2. 数字票据的运行架构

票据交易业务的完成要历经三个重要步骤，分别为流转、承兑、托收，这些在审计当中都是重中之重，当然，也存在极高的风险。在实际票据管理过程中，可借助区块链技术对这些业务流程加以优化，在必要的时候，还可以重构流程。

一般而言，票据在流转过程中，往往需要根据具体要求来进行算法的制定。比方说，为了降低人为因素导致的风险事件发生，交易双方共同协定好买入返售到期日，并通过编程完成回购业务，第三方将交易信息记录在案，并匹配买卖双方所持有的私钥和公钥，一旦完成匹配，就意味着整个流转步骤全部结束。数字票据系统的构建使得流转过程更加便捷。

通常，持票者需将交易公钥发布在区块链上，而买方只需完成私钥匹配就能达成流转，随后，监管机构在数字系统中记录交易信息，这样一来，票据中介要想从中作梗就相当困难了。在进行票据托收时，务必要提前在算法中明确其收款行、承兑行、到期日以及承兑金额等，持票者需要在到期日自行申请托收，这时，监管机构会在系统中录入相关信息。通常，不管是资金自动清算，抑或票据托收，都属于优化数字票据管理的结果，能够让银行明确自身的每一笔资金流，除此以外，还可以在很大程度上降低逾期风险。

对于银行而言，票据的承兑其实就等同于授信业务。若买方A和卖方B双方选择以汇票的形式进行支付交易，承兑行C接收A的申请，并在算法中明确票面信息，诸如到期日、出票日、开户行、承兑方式等，再由监管机构在系统中记录这些交易信息。随后，申请人和承兑行在票据上签名，并将其交予买方。当票据到期后，买方便可以到承兑行兑现。

3. 区块链技术在数字票据领域中的应用

实践表明经优化的区块链技术可高效支撑数字票据的签发、承兑、贴现和转贴现等业务，为票据业务创新发展打下坚实的技术基础。

（1）在支付清算中的应用　传统支付中需要进行纸质票据的交易，而且交易双方还需要辨明票据的真伪，对票据上的数额进行清算与核对。区块链在支付清算中的应用具有如下优点：一是实现了电子票据的交易在交易的过程中能够核对票据中的信息，校验交易的真伪。二是降低了记账时的工作量，降低了票据清算时的成本。三是伪造区块链数据时需要篡改大量的数据信息，而区块链通过保密技术使得伪造数据需要消耗大量的成本。四是区块链的数据库可以对票据的贴现、再贴现等兑换记录进行追溯，厘清了票据之间的逻辑关系，提高了票据的透明度。

目前，区块链在企业中也有所应用。区块链票据系统中存储了各企业之间的交易信息，不同企业占据了区块链的不同阶段，区块链使用最新的算法对节点中的企业信息进行计算，完成承诺环节，生成对应的数据块。数据块中存储了企业交易的时间，并且数据块不需要信任中介。在交易金额支付清算的过程中通过密钥对数据信息进行解锁，加强了数据信息的安全性。同时利用区块链的程序能够避免一定程度的风险，提高了清算支付工作的质量。

（2）在智能合约中的应用　区块链技术和智能合约可以通过多种方式结合起来，如利用智能合约来促进区块链的安全性和稳定性，利用智能合约来加速区块链应用的开发，利用智能合约来减少中心化对实体经济的影响等。智能合约是一种计算机程序，它可以在没有第三方参与的情况下自动执行。如果一方想要触发某个操作，并且没有收到对方的回应，那么这个操作就会自动执行。

智能合约的主要作用是自动执行合同中规定的条款，并且在发生争议时可以确保

双方的利益得到公平对待。传统合同存在很多问题，例如，合同条款难以维护、容易被篡改、难以追溯等，而区块链技术在智能合约中的应用则可以解决传统合同存在的问题。

（3）在数字身份验证中的应用　在当今数字化世界，身份认证是每个人在网络上活动的必要条件之一。然而，传统身份认证方式存在诸多不足，例如，容易被伪造，信息容易泄露等，给网络安全带来不小的威胁。而区块链技术的应用为数字身份认证提供了一种新的解决方案。区块链技术在数字身份认证中的优越性主要表现在以下几个方面：一是去中心化，无须信任第三方，有效保障用户的隐私和安全；二是不可篡改，安全性更高；三是高效，可以实现实时认证；四是可扩展性更强，可以满足大规模用户的需求。

金融行业的数字身份认证应用

在金融领域，数字身份认证已经成为提高安全性和客户满意度的关键因素。基于区块链的数字身份认证可以通过确保数字身份证明的一致性、透明度和安全性等方面的优势，帮助金融机构和银行提高客户服务质量和安全性。

以欧洲最大的银行之一的汇丰银行为例，该银行推出了基于区块链技术的数字身份认证服务，将数字身份认证简化为只需数秒钟的过程，客户可以在任何地方使用任何设备进行准确、可靠的身份验证。

6.3 区块链与信息安全

信息安全问题是指区块链的信息传递功能可能被一些恶意节点利用。区块链本质上是一个分布式的数据库，在公有链中，这个数据库对所有人开放；在许可链中，这个数据库向部分人开放。因此，一旦有恶意节点传输恶意信息到区块链上，区块链网络中的其他节点都会成为受害者。人们可以使用一些传统的信息隐藏方法在区块链中隐蔽地传输秘密信息。

信息隐藏

一个区块链节点可以申请多个交易地址。发送方 Alice 可以选择任意地址进行一笔交易。如果发送方 Alice 和接收方 Bob 事先约定了一种规则，如地址 A1 代表 0，地址 A2 代表 1，他们之间就可以进行隐蔽通信。

区块链作为一种具有分布式、可追溯性、去中心化特点的技术，是当下全新信息安全系统的有力候选者。在安全性方面，区块链技术能够优化信息安全应用模式，帮助站稳安全环境的基础，实现安全可信的系统架构。

一方面，区块链技术可以提升传统的安全协议效率，提供更加有效稳定的数据安全机制。在数据传输、存储、共享和管理等方面，区块链技术提供了分布式数据库，保护用户数据免遭篡改和未经授权访问。另一方面，由于区块链技术对信息进行加密存储，只有特定用户可以访问，可为用户的隐私信息安全提供更多的保护。

此外，区块链技术同时具备去中心化的特点，不依赖于第三方机构，其网络共识机制能够有效地减少数据介入的机会，确保网络环境的安全性。

可以说，区块链技术已经成功地改变了安全解决方案的模式，为维护数据安全提供了有力的帮助。

6.3.1 软件或设备的交互认证

对于软件或设备的交互认证，区块链技术可以提供一种去中心化的、可靠的机制，它可以帮助双方确认身份和记录交互细节，以达到安全和稳定的认证目的。

例如，区块链技术可以被用来认证设备连接，即使在互联网上，双方也能够获得安全的登录凭证。区块链的智能合约可以在发生违规行为时帮助认证交互，以发现和解决可能存在的安全漏洞。

此外，区块链技术可以提供一个安全可靠的分布式网络，用于收集和存储有关设备交互的信息，这有助于更安全地控制和管理每个交互。最后，区块链可以提供支持数字签名的服务，以确保双方交互过程的安全性和真实性。

区块链上的交易并不限于金融领域，可用于任何可验证的交互。由于供应链攻击中恶意的软件"更新"越来越频繁，对软件更新进行身份验证已经成为一种良好的网络卫生习惯。区块链哈希值可以帮助组织与产品开发人员验证更新、下载和安装软件补丁。这也有助于防止供应链攻击，尤其是软件和边缘物联网设备已经成为网络攻击者的主要目标。

> **小贴士**
>
> 零信任安全模型：这是一种设计和实现安全 IT 系统的方法。零信任背后的基本概念是"从不信任，总是需要验证"。这意味着用户、设备和连接在默认情况下永远不受信任，即使他们在连接到公司网络之前已经通过身份验证。
>
> 现代 IT 环境由许多互相连接的组件组成，包括内部服务器、基于云的服务、移动设备、边缘位置和物联网设备。传统的安全模型保护所谓的"网络边界"，在这种复杂的环境中是无效的。攻击者可以破坏用户凭证并访问防火墙后的内部系统，还可以访问部署在组织之外的云资源或物联网资源。
>
> 零信任模型在受保护资产周围建立微型边界，并使用相互认证、设备身份和完整性验证、基于严格的用户授权访问应用程序和服务等安全机制。

6.3.2 个人身份认证

在信息化时代，人们常常需要使用到类似出生证明、健康证明、财产契约和学术成绩单等的官方文件，此类数据由一些公认的可信机构发布，或在研究机构中贡献研究价值，例如购物记录、医疗数据等；或由所有者在与其他人或组织的交涉中使用，以证明某些陈述的真实性，例如健康证明、财产证明、学籍信息、征信数据等。这类数据往往包含有用户隐私信息，而用户习惯于将个人数据存储在半可信的云服务商中，若将数据明文存储在云上，用户无法控制云平台上对数据的使用，易造成了个人隐私数据的泄露风险。

认证技术是信息系统确认用户身份的一种手段，所有现实世界中的物理实体都将进行数字化，形成信息世界中一串数字符号，用户身份同样也是这样，用户授权动作针对的对象也是用户数字身份。构建可信网络的前提就是确保参与实体身份信息可信，认证是建立可信的前提。人们很早之前就已经对身份认证技术进行了研究，古代战争中士兵晚上巡夜所用的口令就是一种最简单的身份认证技术。

按照判定条件数量可将现有的身份认证技术分为单因子认证和双因子认证。按照是否依赖物理介质，可分为软件认证和硬件认证。当前常用的几种身份认证技术，包括静态口令、动态口令、IC 卡、生物特征认证、USB Key 认证等技术，发展得均比较成熟。常见的身份认证技术比较见表 6-2。

表 6-2　常见的身份认证技术比较

身份认证技术	技术原理	面临的问题
静态口令	根据用户输入密码是否与系统存储的密码匹配进行身份认证	静态口令容易泄露，需要用户定期更改口令
动态口令	系统按照时间或使用次数生成用户密码，并确保该密码只能被使用一次	动态口令一般会依赖专用硬件进行实现，会增加一定成本，而且硬件容易丢失或损坏
IC 卡	内置用户身份信息的集成电路卡片，而且不可复制	攻击者可以通过内存扫描技术来获取卡片中存储的信息
生物特征认证	采用指纹、虹膜等每个人独一无二的生物特征来进行身份认证	生物特征仍可以被伪造
USB Key 认证	基于 USB 设备内置密码学算法实现身份认证，轻便易携带	存在丢失或损坏的风险

1. 原理

区块链技术是通过去中心化来集体维护一个可靠数据库的技术。该技术将一段时间内的两两配对数据（比特币中指交易）打包成数据块，然后利用具有激励性质的共识算法让 P2P 网络中的所有节点产生的数据块保持一致，并生成数据指纹验证其有效性，然后链接下一个数据块。在这个过程中，所有节点的地位都是对等的，没有所谓的服务器和客户端之分，这很好地解决了数据在存储和共享环节中存在的安全和信任问题。

通过区块链技术，在数据共享过程中可明确数据的来源、所有权和使用权，达到数据在存储上不可篡改、在流通上路径可追溯、在数据管理上可审计的目的，保证数据在存储、共享、审计等环节中的安全，实现真正意义上的数据全流程管理，进一步拓展数据的流通渠道，促进数据的共享共用，激发数据的价值挖掘，增强数据在流通中的信任。同时，基于区块链的分布式共享"总账"这一特点，在平台安全方面，可达到有效消除单点故障、抵御网络攻击的目的。

2. 应用现状

（1）国外应用现状　具体情况如下。

2015 年 7 月，区块链初创公司 ShoCard 获 150 万美元投资，用于将实体身份证件的数据指纹保存在区块链上。用户用手机扫描自己的身份证件，ShoCard 应用会把证件信息加密后保存在用户本地，把数据指纹保存到区块链。区块链上的数据指纹受一个私钥控制，只有持有私钥的用户本人才有权修改，ShoCard 本身无权修改。同时，为了防范用户盗用他人身份证件扫描上传，ShoCard 还允许银行等机构对用户的身份进行背书，确保真实性。

2016 年 6 月，美国国家安全局向区块链初创公司 Factom 拨款 19.9 万美元，用于物联网设备数字身份安全性开发，利用区块链技术来验证物联网设备，阻止因设备欺骗而导致的非授权访问，以此来确保数据完整性；美国区块链公司 Certchain 为文档建立数据指纹，提供去中心化的文件所有权证明；美国 OneName 公司则提供了另一种身份服务，即任何比特币的用户都可以把自己的比特币地址和自己的姓名、推特、脸书等账号绑定起来，相当于为每个社交账户提供了一个公开的比特币地址和进行数字签名的能力。

（2）我国应用现状　具体情况如下。

2018 年，公安部第三研究所就打造了"eID 数字身份链"。它是在现有公民身份号码的基础上，依托非对称加密、零知识证明等技术，通过智能安全芯片开发完成的。基于"eID 数字身份链"，我们能够在不泄露自己身份信息的前提下远程在线识别身份。

2022 年，国家重点研发计划启动"长安链"赋能数字身份应用。这是我国国家重点研发计划中的榜单项目。"长安链"作为区块链底层平台，将支持建设高性能分布式数字身份架构，为我国可信数字身份体系建设提供技术支撑。该研发计划将基于包括身份证在内的权威法定身份证件，依托"长安链"底层平台，设计实现"1 条身份链+N条业务链"的多链架构服务模式，实现海量数字身份的全生命周期管理，支持1亿以上的账户规模，3万个以上的节点，为我国可信数字身份体系建设提供技术支撑。

6.3.3 所有权认证

区块链技术的去中心化和不可变性质使得篡改记录变得困难，这使得它成为证明各种资产所有权的理想选择。

1. 所有权证明的定义

所有权证明是指验证和确认资产所有权的过程，如不动产、知识产权和其他贵重物品。传统上，所有权认证涉及复杂的法律程序和文书工作，这可能耗时且容易出错。然而，随着区块链技术的使用，所有权认证可以简化，并更加安全。

2. 适用范围

使用区块链技术进行所有权认证的应用范围非常广泛。它可以应用于各种行业，包括房地产、金融和知识产权。在房地产行业中，区块链技术可用于验证财产的所有权，消除对中介机构的需求，并确保交易的透明度。在金融行业，区块链技术可用于验证各种资产的所有权，如股票、债券和商品，并实现更快、更高效的交易。在知识产权行业，区块链技术可用于验证专利、版权和商标的所有权，并防止知识产权被盗。

3. 应用前景

在数字分布式账本出现前，验证在线资产的所有权是很困难的。正如不可替代令牌（NFT）使艺术家能够对其媒体进行数字水印认证一样，使用加密密钥创建不可篡改的真实性和所有权记录的能力在许多区块链案例中都体现出了安全优势，包括：

1）学生、教师和专业人士可以拥有自己的证书，而不受司法管辖区的限制，从而减少假冒证书；

2）创作者可以保留对其媒体的全部权利，从而推进版权保护的实现；

3）业主可以证明他们的所有权和委托权；

4）制造商可以将NFT附加到他们的商品上以验证是否为正品。

总之，区块链技术是一种有前途的所有权认证解决方案，为验证各种资产的所有权提供了一种安全、透明的方式。随着区块链技术的不断发展，其所有权认证的潜力还会继续增长，使其成为各种行业的重要工具。

6.4 区块链与生态环境

众所周知，环境监测数据质量是环境保护工作的生命线，数据的"真实性、可靠性、准确性"是环境监测根本的要求。

当前，我国环境数据存储的方式，仍以"传统互联网或移动互联网"为主，采用关系模型来组织数据的数据库，常见的有 Oracle、DB2、PostgreSQL、Microsoft Access、Microsoft SQL Server、MySQL、浪潮 K-DB 等数据库。简单来说，就是创建一个文本，把某个时段、地点的环境监测数据储存在里面。这种传统的储存手段比较方便，易于维护，大大减低了数据冗余和数据不一致的概率。

但是由于传统数据库的单一性，数据很容易被人为干扰。有两种普通且常见的干扰手段：一是在后台程序挂木马，注入脚本代码，直接更改数据，执行操作者想执行的代码；二是掌握数据库权限的人直接登录，对数据进行增加、删除或更改等操作。除此之外，还有其他更多的手段。

如果这些数据使用区块链技术进行存储，就可以直接杜绝人为干扰的情况。

1）区块链技术具有不可篡改的特点，为生态环境治理体系中海量行为和数据的存证难题提供了解决方案，确保了环境监测数据的"真"。

2）区块链形成共识机制，可以保持信息数据的一致性，真正实现从"网络互连"时代走向"信任互联网"的转变，辅以人工智能、大数据和物联网技术，确保环境监测数据的"准"。

3）区块链分布式的特点，能够打破部门、层级间的数据孤岛，实现信息的互通互联和数据共享，并通过智能合约，实现多个主体之间的合作信任，优化和解决生态环境治理体系中跨行业、跨部门、跨区域合作的广度、深度和难度问题，确保环境监测数据的"全"。

结合区块链技术的特点，即便出现了篡改数据的情况，也会被区块链系统自动检测并剔除，并从其他储存点同步健康的监测数据。

区块链技术已成为解决环境保护中许多挑战的一个有前途的解决方案，包括供应链管理、垃圾分类及回收、能源管理和环境条约。

邹平区块链生态环境监管平台

根据工业和信息化部发布《2022年区块链典型应用案例名单的通知》，全国61个区块链典型案例入选。其中，作为全国唯一"区块链＋生态环境"领域创新，由滨州市生态环境局邹平分局牵头建设、杭州准独角兽企业安存科技提供技术支持的"区块链生态环境监管平台"经评审成功入选，成为工信部公布的2022年区块链（区块链＋智慧城市）典型应用案例，是中国"区块链＋智慧城市"方向仅有的六个典型案例之一。

作为全国首个"以智慧执法为中心、以监管预防为抓手"的区块链生态环境监管平台，平台通过基于北斗算法的区块链机实现环保与排污企业、设备厂商、公安、法院、大数据中心等多方共建生态环境保护联盟链，形成"一链＋双平台＋N中枢"的生态环境治理应用体系，实现违法活动平台监管、违法线索链上取证、多方监督司法共治，有效改善传统生态环境监管模式，解决环境监管过程中存在的电子数据易篡改、易伪造、固证取证难、司法采信难、共享难等问题；实现违法证据互联、监管标准互通、处理结果互认，提升联勤联动、协同执法效率，促进企业环保信用体系建设，发挥司法联动、环境监管数字化、精准化效能，不断提升非现场监管层次。

6.4.1 供应链管理

供应链是一个涉及多个利益相关者的复杂系统，因此准确跟踪和验证信息具有挑战性。

1. 区块链技术在供应链管理中的优势

（1）提高透明度　通过使用分散的分类账，供应链中的所有参与者都可以共享交易视图，从而降低欺诈和错误的风险。这种透明度也有助于在供应链合作伙伴之间建立信任并加强合作。

（2）提高效率　通过将供应链管理中涉及的许多人工流程自动化，如记录保存和数据共享，区块链技术可以减少管理供应链所需的时间和资源。这种效率的提高可以节省成本，缩短交货时间，并使整个供应链更具响应性。

（3）增强了安全性　由于区块链技术的去中心化架构和加密技术，区块链技术本质上是安全的，这使得网络犯罪分子很难破坏系统。这种增强的安全性有助于保护敏感的供应链信息，如商业机密，并降低知识产权被盗的风险。

2. 区块链技术在供应链管理中的挑战

尽管区块链技术有许多优势，但在供应链管理中使用区块链技术也存在如下挑战。

（1）需要供应链所有参与者都同意采用　为了使区块链技术在供应链管理中有效，供应链中的所有参与者必须同意使用该技术并拥有必要的基础设施。这可能是区块链技术是否被采用的一个重大障碍，特别是在供应链复杂的行业。

（2）需要高水平的技术专长　区块链技术仍然是一项相对较新的技术，需要专门的知识来实施和管理。对于较小的组织或资源有限的组织来说，这是一个不小的挑战。

总之，区块链技术与供应链管理之间的关系是复杂的。尽管区块链技术可以大大提高供应链管理的效率、透明度和安全性，但其实施和广泛采用也存在挑战。随着对区块链技术的使用不断增长，探索克服这些挑战的方法并最大限度地发挥其潜力以改善供应链运营至关重要。

6.4.2 垃圾分类及回收

垃圾分类及回收对生态环境保护至关重要。目前，区块链＋垃圾分类及回收还处于探索阶段，在可追溯性和问责制方面存在局限性。目前基本上都是利用区块链技术，通过在垃圾分类回收硬件上安装识别器，在垃圾收集点安装电子标签，来对垃圾的收集时间、地点、频率、数量等情况进行监管并记入区块链数据库。同时，利用区块链公共账本的溯源功能，建立统一的分类标准和回收流程体系。通过接入区块链网络，各参与方信息透明，从而实现对垃圾分类及回收的全程追踪。

案例

塑料银行环保项目

海地是一个坐落于加勒比海的国家，三面环海，自然资源丰富。环境问题一直是海地社会面临的主要挑战。但受限于自然灾害、贫困、基础设施缺乏、政局不稳定等棘手问题，环境问题并没有得到结构性的改善。塑料银行（Plastic Bank）是一个着手于缓解塑料垃圾问题的跨国公益组织，其总部坐落于加拿大，在包括海地在内的很多发展中国家都开展了环境保护项目。该组织创新地在环保项目中融入了区块链技术，塑料银行环保项目的特征及其积极影响如下。

第一，塑料银行的项目提高了发展中地区居民的环保参与度，并使他们获得更多收入来源。塑料银行在海地建立了垃圾回收中心，并对当地居民进行培训，使他们能够更好地管理回收中心。同时，塑料银行鼓励海地居民将收集到的垃圾送往这些回收中心，根据垃圾的数量和体积，居民们可以在塑料银行与国际商业机器公司共同开发的应用程序中收到金钱回报，或者用积分兑换生活必需品。

第二，塑料银行积极地在应用程序中开发了一个区块链技术支持的、透明的、去中心化的账簿，为使用者带来极大便利。使用者可以确保他们的付出都被清楚地记录在案，按时收到回报。该电子账簿对很多没有银行账户、不知道如何使用银行服务的海地居民很有帮助。其次，考虑到当地治安问题，携带大量现金并不是个安全的选择。因此，这种电子账簿使当地居民更加安全地收到回报。据报道，每一位当地居民每年可通过塑料银行获得大约3000美元的报酬，这是一份很可观的收入。不仅如此，通过鼓励当地居民自己运营回收中心，塑料银行有效提升了当地人的环保意识和金融、管理知识。

第三，在当地收集了垃圾之后，塑料银行将它们进行再加工，然后出售给予组织有合作的国际企业，比如戴尔、玛莎百货、德国汉高等。因此，塑料银行像是架起当地经济与国际供应链的一座桥梁，将两者联系在一起，并加快了垃圾的回收利用。

总的来说，在海地，塑料银行不仅激励了更多人参与垃圾回收，更促进了就业和经济来源的多元化，加强了海地经济与国际供应链的链接，在一定程度上弥补了当地环境问题解决上的缺失。

案例

区块链助力雄安新区实现垃圾处理智能化

《河北雄安新区规划纲要》（以下简称"纲要"）于2018年发布，纲要明确定位新区为绿色生态宜居新城区，其中同步建设数字城市、开展环境综合治理等内容受到各方关注，为此北京龙商公社推出了城市智能垃圾处理综合解决方案，由中交雄安投资有限公司监制的智慧垃圾收集器样机也在新区应运而出。

市民通过应用程序扫码后完成垃圾分类倾倒，垃圾箱会自动识别垃圾种类与重量，并给予垃圾投递者积分奖励，积分可用于兑换生活用品等。

这是典型的基于区块链技术的互联网＋智能回收的解决方案，在社区内放置智能垃圾分类回收设备，居民使用手机扫描登陆，根据垃圾投放量获得积分激励，积分可在社区线下实体店或者线上商城中兑换相应商品。通过激励机制，实现共赢。

随着雄安新区常驻和流动人口的增长，垃圾场每日处理的垃圾量也将随之增大，依托数字化等前沿技术支持将是必由之选。目前，垃圾处理已经成为全世界性难题，还没有一个城市能做到100%的垃圾回收利用，而雄安的综合处理方案将最终实现原生垃圾零填埋，生活垃圾无害化处理率达到100%，城市生活垃圾回收资源利用率达到99%以上。

6.4.3 能源管理

能源管理是区块链技术应用的另一个领域。能源区块链是一个复合概念，顾名思义，就是将区块链技术运用到能源相关领域，其目标是借助区块链"去中心化""去信任"的优势，实现对能源相关系统的效率提升和优化运营。

通过使用基于区块链的系统，能源公司可以跟踪能源的生产和分配，以及监控消费者的消费模式。这有助于优化能源生产过程，减少浪费，降低能源成本。此外，区块链还可以通过为节能行为提供奖励，激励消费者减少能耗。

1. 清洁能源

使用区块链技术构建的激励模型能够完成能源的微交易，有效推广清洁能源的使用。比如在社区中，用户可以通过将使用光伏电池产生的电能输入网络系统中，获得积分奖励。同时在系统中其他需要用电的用户要花费积分购买电力，交易可以通过智能合约自动执行，无中间商参与。在此种模式下，区块链技术大大推动了分布式可再生能源的发展，且优化了能源分配状况。

太阳能众筹区块链交易平台

由于缺乏传统的基础设施，非洲普遍受困于迟缓且落后的电力行业，这极大阻碍了该地区经济增长。非洲是全球太阳辐射最高的地区之一，为了以一种清洁的、负担得起的方式推动太阳能发电落地，区块链技术在非洲受到了广泛推崇。

2022年5月上旬，法国恩吉集团子公司Engie Energy Access和非营利区块链组织Energy Web宣布，一个名为"太阳能众筹"的区块链交易平台在非洲正式启动，该平台旨在利用区块链技术为撒哈拉以南非洲地区的清洁能源项目提供融资及相关金融服务。

目前，撒哈拉以南非洲地区至少有5.8亿人仍用不上电，该平台利用区块链技术将这些人口和可再生能源项目开发商联系起来，前者可以用上清洁的能源，后者也可以增收。此举可以让落后地区以负担得起的方式用上绿色电力。

"区块链+能源"联合创新实验室

双碳路径的规划，不仅仅是技术与科技领域的探索，也是企业经营和一系列管理与财经决策的综合课题。在"双碳"和信息技术深入融合的大背景下，使用区块链来解决"双碳"中的信任传递是一个非常有价值的场景。随着"双碳"工作的不断推进，一些产品化的成果也开始逐步浮出水面。我国政府不断提出"双碳"相关要求，各地市、各行业、各大央国企都陆陆续续发布了自己的碳达峰、碳中和的路径，保障实现"双碳"目标。

2022年，由多家成员单位基于中央网信办、国家能源局"国家区块链创新应用试点"成立双碳数智化暨"区块链+能源"联合创新实验室，以及合作研发的"双碳数字化核查暨智慧碳管理服务平台"。联合创新实验室以国家政策为导向，以市场为驱动，以行业企业为主体，依托所有成员各自优势和国家试点工作，支撑政府碳排放政策制定，形成行业双碳数字化、区块链的技术标准，推广国家、地方、产业/行业双碳管理平台，形成双碳产业合作生态，助推社会碳减排碳中和的可信数字化建设。

2. 微电网

微电网是独立于主电网运行并服务于特定地理区域和社区的小型电网。微电网系统能够推进地区能源的产出和使用，减少能源运输的消耗，解决能源分布不均衡等问题。

微电网的主要问题之一是缺乏安全高效的系统来管理多个实体之间的能源交易。区块链提供了一种去中心化和透明的交易管理方式。它允许微电网运营商有效地管理多方之间的能源分配和支付。借助区块链，微电网公司可以创建智能合约，根据预定义的条件（例如能源可用性、定价和需求）自动执行交易。区块链还提供高级别的安全性和不变性，可防止未经授权访问微电网数据，确保交易完整性。

菲律宾试点区块链微电网

菲律宾的电网基础设施一直较为薄弱，容易出现大范围停电，因此该国一直努力寻求发展微电网，增强供电可靠性。菲律宾独立电力市场运营商IEMOP表示，2022年5月已经启动试点项目，区块链的去中心化特点可以支持不同电力市场用户进行点对点电力直接交易，保证电力供需平衡的同时，还可以将剩余的电量出售给其他消费者。

6.4.4 环境条约

区块链技术有助于促进环境条约的实施。通过使用基于区块链的系统，各国可以跟踪其在实现环境目标（如减少碳排放）方面的进展。此外，区块链还可以帮助确保各国遵守条约条款，并且不会篡改数据。这有助于加强环境政策的问责制和透明度。例如，数据管理部门可以提案设立专门的区块链方面的法律法规，规定其使用者和提供者的相关权利和责任，包括政府部门如何有效地进行监管，以实现对违法行为的快速识别，提高法律执行效率。

6.5 区块链与智能交通

智能交通的理念可以追溯到 20 世纪 80 年代的智能交通运输系统（Intelligent Transportation System，ITS），ITS 是一个综合运用了信息处理和计算机等技术来提高交通运输服务成效的实时综合管理系统。智能交通的整体框架如图 6-3 所示。

图 6-3 智能交通的整体框架

智能交通运输系统是指在较完善的交通硬件基础设施上，将先进的信息技术、数据存储处理技术、计算机分析技术、空间遥感技术等综合运用到交通体系中，以达到交通出行便捷、安全、绿色环保的目的。随着物联网和大数据等新兴技术的出现及发展，城市智能交通也变得更加"智能"，从最初的城市道路智能信号控制到电子收费、GPS 精确定位，再到后来的车路协同，这些无一不在证明交通智能化。但由于经济发展和人口增多，城市私家车数量也越来越多，导致交通拥堵和环境污染问题严重，这就为城市智能交通系统发展提出更高的要求。

将区块链技术引入智能交通领域，开展交通区块链底层平台构建，突破交通领域内部研究的思路，对挖掘跨领域、跨行业、跨地域的各类数据的潜在价值有着重要的意义。

一是助力联通数据孤岛。区块链提供了一种低成本建立信任的协作模式和分配方式，有助于建立区块链共识基础组织联盟，通过相关技术的引入，有望解决数据孤岛的难题，实现跨系统的数据共享，从而全面升级智慧交通应用与服务体系，构建新的城市智慧交通生态。

二是助力网络安全和隐私保护。相对传统网络的服务器加客户端访问的网络架构，区块链分布式数据库的架构有效地避免了服务器单点故障或者病毒侵入所带来的安全隐患。链上信息块和与之相关的交易记录都会被共享保存。而其采用的非对称加密技术，通过公私钥相结合的方式有效地保护了用户的隐私。公钥用于对数据信息进行验证（加密），而私钥用于对信息进行"数字签名"（解密）。

三是助力实现便利快捷的交通出行体验。通过将区块链与 5G 通信、大数据和人工智能等先进技术融合，有助于实现在汽车金融服务、车辆信息追溯、用户信用体系建设等方面的创新，从而优化交通资源配置，改善现有的交通问题，为用户带来更智慧便捷的交通出行体验。

6.5.1 平台信息安全

传统的智能交通系统收集信息和处理分析数据的流程是通过交通管理部门在不同区域设置红绿灯、感应器和摄像监控等仪器来收集实时的交通数据，之后收集的数据通过区域的中央处理器来处理分析，以此来指导、疏通交通。

将具有去信任化特点的区块链技术应用到城市智能交通中，在信息处理和传输过程中不必经过中央处理器，只需节点之间的直接联系就能实现信息的传输，这样的方式既可以更快地获得实时交通信息，又可以打破区域芥蒂，便于交通总体控制，而且

还能有效避免因系统数据被篡改而导致的系统瘫痪问题。

与其他大数据系统类似，交通数据并不是静态的，而是一个流动的信息池。在智能交通时代，无论是用计算机、手机还是车联网，出行者每天都会生产、输出和接触大量的交通数据，政府与企业如何在数据流动的过程中，确保其在业务、终端、外网等不同环节上的安全布局，是相当重要的问题。同时，交通数据安全不仅关系着用户个人隐私安全、资金安全，也关系到海量用户对交通系统的信任，这就更需要政府和企业在不同的网络节点上部署安全防护产品与解决方案。例如，所有的交通位置信息仅仅在人们需要使用的时候透露；而在要保密的时候，这些信息不会被任何人获取。这样，区块链就帮人们解决了智能交通应用方面的一个重要问题——如何通过实时位置互换来实现智能交通的全流程联通。

目前，我国交通运输行业基本上形成以航空、铁路、公路、水路以及管道五种运输方式为主的综合交通运输系统，它们无时无刻不在产生大量数据，交通数据安全关乎国家安全和公共利益。

用户数据泄露事件

2016年，打车软件公司优步（Uber）公开一桩大规模数据泄露事件，由于黑客攻击，导致全球5000万名优步乘客的姓名、电邮地址和手机号码泄露，另有大约700万名优步司机的个人信息也被盗取，其中包括60万名美国司机的牌照号码。

2021年3月，马来西亚航空公司确认公司发生了一起数据泄露事件，其常旅客计划Enrich成员的个人信息被泄露，此次泄露事件的时间跨度将近10年。

> **拓展阅读**
>
> ### 区块链技术在交通实名制中的应用
>
> 随着人们出行需求的增加，交通实名制已经成为公共交通领域中一项严格的管理措施。实名制要求乘客必须提供真实的身份信息才能购买车票和进入车站，以确保公共交通的安全和秩序。然而，许多人对此表示担忧，因为他们担心其个人隐私会被泄露，例如，这些信息可能会被黑客入侵或利用。
>
> 在交通实名制中，区块链技术可以用于存储和验证乘客的身份信息。乘客的个人信息可以存储在区块链上，只有特定的验证者能够访问这些信息。这就保证了用户信息的安全性和隐私性。此外，区块链技术还可以确保乘客的个人数据不会被篡改和窃取，因为每条记录都被锁定和时间戳记。

另外，区块链技术还可以用于建立信任系统。通过对乘客身份信息的多方验证，区块链可以建立一个可信的身份认证系统。乘客可以在购买车票的时候使用他们的身份证明进行身份验证，而票务系统可以通过区块链来验证这些信息的有效性，从而确保乘客身份真实可靠。

总之，区块链技术的应用可以保护交通实名制中乘客的隐私安全。它可以维护信息的安全性和保密性，同时确保每个乘客的身份真实可靠。因此，区块链技术在交通实名制中的应用，将会在保障用户安全和隐私的同时，推动公共交通的改善和升级。

6.5.2 交通违章管理

1. 交通现状

随着社会的发展，人民生活水平不断提升，机动车的购买率与使用率也在逐年增加。截至 2023 年 3 月底，全国机动车保有量达 4.2 亿辆，其中汽车达到 3.2 亿辆，驾驶人达 5.1 亿人，每年新登记机动车 3400 多万辆，新领证驾驶人 2900 多万人，总量和增量均居世界首位。机动车数量的快速增长，在给城市居民的生产、生活带来便捷的同时，也因交通事故导致了许多社会问题。

同时，随着经济的发展和城市建设的增加，城市交通问题也愈发严重，经济发达地区交通违章管理问题尤为突出。另外在一些节假日高速公路上，常常会有违规占用应急车道等现象，当有事故发生时，就导致救援车辆无法通过，错过了最佳救援时间。因此，加强交通安全管理，加大交通车辆违章监控，实现交通智能化建设是当前交通发展中需要重点关键的问题。

2. 区块链技术的优势

将区块链的数据难篡改和可追溯性的优势应用于车辆违章数据的传输与存储，具有重要的价值意义，可打破传统智能交通系统中心化的结构，能满足交通数据访问控制中对安全性和隐私性的要求。除此之外，采用联盟区块链技术可实现交通数据去中心化管理，使用密码学中的非对称加密算法可保证数据共享的安全性和机密性，交通服务部门根据属性集和关键词从区块链上获取相应的密文，能实现数据细粒化的管理，也能为车载单元提供定制化服务。

3. 区块链在车辆违章监控安全管理系统中的应用

> **拓展阅读**
>
> **传统交通智能监控的具体过程**
>
> 第一步，通过硬件设备，由"电子眼"等传感器抓拍图片。当在监控视野范围内发生交通行为，通过监控高清摄像头采集相关的行为图片证据。
>
> 第二步，通过内部图像处理器将抓拍获取的图片进行预处理。因为图片质量将影响对车辆违章行为的判别和进一步技术处理，因此需要将原始采集的图像进行相应的处理，以保证图片的清晰。
>
> 第三步，进行车辆违章行为检测与识别。通过利用数字图像识别技术，采用检测车辆—轨迹跟踪—违法判断—车牌识别等技术手段，进一步对交通车辆行为检测分析。
>
> 第四步，将筛选出的车辆违章图片传送至初审员处，由初审员对照片进行初审，并进行违法记录，录入违章系统。
>
> 第五步，违章系统将违章信息发生至车主。
>
> 通过上述过程可以看出，从最初的车辆行为检测与识别，到有交通违章行为的产生，以及到最后的对违章行为处罚，都是通过各种渠道信息传输实现的。这样做不仅过程复杂，而且效果较差。如果系统受到未授权的攻击，或者数据的存储设备遭到破坏，这些都将给数据的真实性和完整性带来破坏。

将区块链技术运用于车辆违章监控安全管理系统中后，结合传统交通智能监控的处理过程，可将整个过程中的数据上链处理。具体做法如下。

第一步，相关的交通管理部门，包括交警、车管所等机构和单位都可认证为交通区块链网络上的节点，同时驾驶员，以及相应区域地点交通监控设施等相关参与方都可认证为网络中的节点，将相关的交通法规部署在智能合约上，在所建立的交通监控系统的配合下，实现对交通车辆进行实时监控。

第二步，当车辆被检测出存在违章行为后，检测点的相关信息和车辆违章行为的证据图片等都会自动上传到区块链网络系统中。认证为交通管理身份的相关节点将参与此次违章行为的鉴定，当达到相应的验证广播量时，就完全确定本次交通违章行为的事实存在，并且通过触发智能合约自动执行，出现相应的交通处罚，系统将违章行为相关信息和处罚相关信息反馈给车主。

第三步，在进行交通处罚时，驾驶员也根据相关处罚接受处理，包括通过系统支付相应处罚的数字货币，系统通过自动执行智能合约扣分等。在进行处罚过程中，要确保通过违章的驾驶人员与接受处罚的人员是同一人，从而完成整个违章行为处理。整个过程中的所有交易产生的数据都被记录在基于区块链为底层技术所建立的车辆违章监控安全管理系统中。

案 例

区块链技术杜绝"买分卖分"

在现有的交通违章处理中，最为常见的处罚措施是扣分加罚款，但又出现"买分卖分"的现象，这严重违背了扣分处罚的初衷。区块链技术在数据的可追溯和难篡改等方面具有优势，因此将区块链应用于车辆违章监控安全管理系统中，可有效维护交通安全管理秩序，减少了交通违章行为发生。其应用原理是当驾驶人员产生交通违章行为，一直到最后接受相关交通处罚，整个过程数据上链，确保受处罚人员是发生违章行为的驾驶人员本人，从而避免为他人代扣和"买分卖分"的不当行为。

6.5.3 交通服务优化

1. 流量监测

交通流量监测技术主要应用在城市与高速道路交通的数据采集上，以便为调整交通指挥调度的决策提供依据。在流量监测技术中，视频监测是最重要的手段，除此之外还有地埋式感应线圈、超声波和激光检测器。这些不同的监测设备综合利用了图像处理、模式识别等探测手段，并基于区块链技术，形成监测网络，就能具有价格相对低廉、监测区域广、识别速度快、分析误差率小的优势，能够实现准确的交通参数数据监测功能。

车辆监管的射频识别（RFID）技术，主要使用专门的读写器与标签，利用无线射频等识别方式，将信息从车辆标签上读取到网络监管平台，从而实现对所有车辆的属性与静态、动态信息的提取与利用，并根据实际交通管理需求，对所有车辆状态进行监控与服务。目前，射频识别技术主要应用于 ETC 自动收费车辆识别，在引入区块链之后，未来可以通过为公共运营车辆甚至所有私家车建立区块链上的电子车牌，进行车辆识别，方便政府监管部门对车辆进行定位。

如图 6-4 所示，在城市中，交通管理部门设置的各种监控设备、传感器，再加上商用、民用的监控设备，几乎覆盖了整个城市道路。把这些设备加入区块链，引入智能合约，通过分析设备实时收集的数据，可以实现对区域交通的智能指挥，合理分配主次干道与支路网的交通流量。并且这些对数据的分析都将通过边缘计算，分布式地在本区域内完成，具有延迟低、成本低、可靠性高等显著优点。

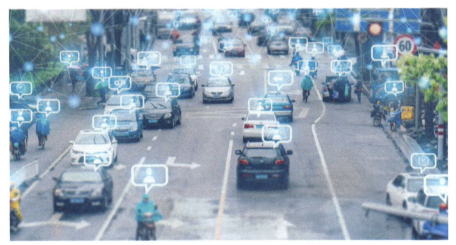

图 6-4　区块链缓解道路拥堵问题

2. 城市道路交通诱导

城市道路交通诱导，是指在现有的城市道路交通管理的基础上，利用现代信息通信技术，打造静态停车诱导、动态交通信息诱导系统，及时准确地向驾驶者发布实时的交通信息，提供引导服务。

利用区块链技术与大数据技术的结合，可以及时将采集到的交通动态导入系统。当大数据通过区块链流动时，信息进行相互验证、综合分析，通过线圈、地磁、微波、卡口与视频数据的互相补充与深度融合，建立涵盖交管业务数据、地理信息数据与互联网交通数据的资源池。例如，在早晚高峰时间节点，城市市区交通压力大增，交通监管部门可以通过实时更新的数据，及时掌握高峰期交通流变化，再将路面监管系统和各交巡警支大队反馈的综合信息在区块链网络中第一时间合成路面动态数据，以最短的时间传递到各相关交通引导屏。这样，就能够对出行者进行引导，合理优化出行路线，从而有效提高通行效率，保障出行畅通。

此外，普通市民出行，也可以获得更好的体验。利用区块链技术，用户可以在电子地图上实时查看各路段的交通情况，输入目的地后，就能通过智能合约规划出最优的出行路线，并且在途中也能实时优化路线，时效性高。

另外，一切交通设施都可以数字化上链，例如停车位。"开车 5 分钟，停车半小时"应该是让很多老司机头疼的一件事，有时候想在目的地附近找一个车位可谓"难比登天"。而通过基于区块链技术的电子地图导航，能够在规划最优路线的同时，找到最合适的停车位。

3. 交通指挥调度

指挥调度系统是交通管理最核心的部分，负责对交通数据信息进行分析处理和数据挖掘，实现信息的交换、共享，从而为交通控制、管理与决策、指挥提供支持。

利用区块链技术完善交通指挥调度系统，能够促使系统前端采集技术与后端智能化分析技术整合，确保数据传输与处理的速度，为整个系统带来强大的兼容性与扩展性。该技术主要应用于城市道路或高速路，在监测器可监控的范围内，利用多种先进的图像处理算法、计算机智能优化算法，对视频所采集到的图像进行处理。

引入区块链之后，结合电子车牌、电子身份认证、智能合约等功能，交通管理部门可以对各种交通事件、事故，如火灾、拥堵、逆行、碰撞等情况进行自动检测和监控。同时，通过与其他交通监管设备的联网，可以做到共享数据，实时进行检测、报警、记录、传输、统计和诱导，以便有效地管理道路交通。

此外，区块链网络能够依托地理信息系统，对区域内各种交通数据进行实时监测，并通过及时调度，保证道路网交通负荷处于最佳状态。

6.6 大型区块链项目

6.6.1 星火·链网

2020 年 8 月 30 日，在工信部的支持下，中国信通院牵头的国家区块链新型基础设施——"星火·链网"正式启动。"星火·链网"以代表产业数字化转型的工业互联网为主要应用场景，以网络标识这一数字化关键资源为突破口，推动区块链的应用发展，实现新基建的引擎作用。

星火链底层采用"1+N"主从链群架构，支持标识数据链上链下分布式存储功能，可支持同构和异构区块链接入主链。在全国重点区域部署"星火·链网"超级节点，作为国家链网顶层，提供关键资产、链群运营管理、主链共识、资质审核，并面向全球未来发展；在重点城市/行业龙头企业部署"星火·链网"骨干节点，锚定主链，形成子链与主链协同联动；超级节点和骨干节点具备监管功能，并协同运行监测平台，对整个链群进行合法合规监管；引入国内现有区块链服务企业，打造区域/行业特色应用和产业集群。

6.6.2 区块链服务网络（BSN）

区块链服务网络（Block-chain-based Service Network，BSN），由国家信息中心牵头，会同中国移动、中国银联等单位联合发起并建立。区块链服务网络是基于区块链技术和共识机制的全球性基础设施网络，是面向工业、企业、政府应用的可信、可控、可扩展的联盟链，致力于改变联盟链应用的局域网架构高成本问题，以互联网理念为开发者提供公共区块链资源环境，极大降低区块链应用的开发、部署、运维、互通和监管成本，从而使区块链技术得到快速普及和发展。

经调研，如需搭建一个传统联盟链局域网环境，根据2020年主流云服务商的报价，每年最低成本也要十万元以上。而通过服务网络，一个应用每年仅需2000~3000元即可成链并进入运行。这样将鼓励大量的中小微企业、甚至学生在内的个人通过服务网络进行创新、创业，从而促进区块链技术的快速发展和普及。

区块链服务网络具有如下优势：

- 节省区块链应用部署和运维成本；
- 降低区块链应用开发门槛；
- 提高用户参与区块链应用的便利程度；
- 提供灵活的接入方式；
- 具有快速组网的机制。

6.6.3 中国人民银行贸易金融区块链平台

中国人民银行贸易金融区块链平台（简称"央行贸易金融区块链平台"），由中国人民银行发起联合多家上市公司共同打造。"央行贸易金融区块链平台"定位于为贸易金融提供公共服务的金融基础设施，具有中立性、专业性和权威性，可为金融机构提供贸易背景真实性保障，降低数据获取门槛。作为区块链技术应用领域的官方平台，得到了金融机构和企业的普遍认同。

2018年9月4日，"央行贸易金融区块链平台"项目一期首次对外发布并在深圳正式上线试运行，旨在利用区块链的透明和不可变属性，促进贸易融资监管系统的发展，实现"对各种金融活动动态的实时监控"。比如，该系统可以防止相同的账户从不同机构"恶意获取"多笔贷款。

央行贸易金融区块链平台设在粤港澳大湾区,致力于打造成为面向全国、辐射全球的开放共享的贸易金融生态。

6.6.4 央行数字票据交易平台

1. 简介

央行数字票据交易平台原型系统是中国人民银行(以下简称"央行")在全球范围内,首个研究发行数字货币并开展真实应用的交易平台,率先探索了区块链技术在货币发行中的实际应用。

该项目是由中国央行牵头并自主创新研发的重大金融科技成果。此举显示中国央行紧跟金融科技的国际前沿趋势,力求把握对金融科技应用的前瞻性和控制力、探索实践前沿金融服务的决心和努力。

2. 发展历史

近年随着区块链等新兴科技的兴起,法定数字货币成为各国央行的重点研究领域。

2014年,央行启动了对数字货币的研究,成立了发行法定数字货币的专门研究小组,论证央行发行法定数字货币的可行性。

2015年,央行对数字货币发行和业务运行框架、数字货币的关键技术、数字货币发行流通环境、数字货币面临的法律问题、数字货币对经济金融体系的影响、法定数字货币与私人发行数字货币的关系、国际上数字货币的发行经验等进一步深入研究,形成了人民银行发行数字货币的系列研究报告。这些研究成果有的已经向国家知识产权局递交了专利申请书,有的则以专题形式择要发表。

2016年1月20日,央行数字货币研讨会在北京召开,会议明确了央行探索发行数字货币的战略意义和战略目标。这也是全球中央银行就法定数字货币的首次公开发声,引起业内诸多关注。

2016年7月,央行启动了基于区块链和数字货币的数字票据交易平台原型研发工作,借助数字票据交易平台验证区块链技术。而数字货币研究所主要牵头负责底层区块链平台以及数字货币系统票交所分节点的研发任务。

2016年9月,票据交易平台筹备组会同数字货币研究所筹备组,牵头成立了数字票据交易平台筹备组,启动了数字票据交易平台的封闭开发工作。项目研发采用迭代式增量软件开发模式,每两周作为一个迭代周期滚动开发。

2017年1月,中国央行推动的基于区块链的数字票据交易平台已测试成功。

思考与练习

【单选题】

1. ( ) 能够为金融行业和企业提供技术解决方案。
   A. 以太坊　　　　　　　B. 联盟链
   C. 比特币　　　　　　　D. Rscoin

2. 区块链跨境交易在( )进行身份验证。
   A. 支付发起阶段
   B. 资金转移结算阶段
   C. 资金交付结算阶段
   D. 交易后

3. 比特币采用的区块链架构为( )。
   A. 公有链　　　　　　　B. 私有链
   C. 联盟链　　　　　　　D. 中心链

【问答题】

1. 简述区块链现有的应用领域。
2. 常见的身份认证技术有哪些？它们面临哪些风险？
3. 简述数字人民币的运营模式。
4. 区块链有哪些组织？

参 考 文 献

[1] 李文增.数字货币与无现金社会［J］.世界文化，2017（11）:5.DOI:CNKI:SUN:SJWH.0. 2017-11-003.

[2] 张荣丰，董嫒.关于数字货币的发行与监管初探［J］.华北金融，2017（1）:3.DOI:10.3969/ j.issn.1007-4392.2017.01.006.

[3] 朱阁.数字货币的概念辨析与问题争议［J］.价值工程，2015，34（31）：163-167.

[4] 施婉蓉，王文涛，孟慧燕.数字货币发展概况、影响及前景展望［J］.金融纵横，2016（7）： 25-32.

[5] 李九斤，陈梦雨，徐玉德.区块链技术在金融领域应用的研究综述［J］.会计之友，2021 （22）:137-142.

[6] 谈嵘，顾大笑.区块链在数字票据的应用［J］.银行家，2019（11）:88-90.

[7] 邹轶君.区块链发展态势及应对策略研究［D］.北京：北京邮电大学，2021.DOI:10.26969/ d.cnki.gbydu.2021.002983.

[8] 王凯.区块链安全综述［J］.长江信息通信，2021，34（11）:83-85+88.

[9] 张蓓，张晓艳，张文婷.稳定币发展现状与潜在宏观政策挑战［J/OL］.国际经济评 论 :1-19[2023-03-07].http://sso.changshalib.cn/interlibSSO/goto/2/+jmr9bmjh9mds/kcms/ detail/11.3799.F.20220927.1331.002.html.

[10] 张康萌.加密数字货币期货市场的价格发现［D/OL］.长春：吉林大学，2022.DOI:10.27162/ d.cnki.gjlin.2022.005235.

[11] 沈蒙，车征，祝烈煌，等.区块链数字货币交易的匿名性：保护与对抗［J］.计算机学报， 2023，46（01）:125-146.

[12] 黄瑛.基于区块链技术的数字货币发展综述［J］.中国金融电脑，2019，No.359（06）:78-81.

[13] 蒋鸥翔，张磊磊，刘德政.比特币、Libra、央行数字货币综述［J］.金融科技时代，2020， No.294（02）:57-68.

[14] 李九斤，陈梦雨，徐玉德.区块链技术在金融领域应用的研究综述［J］.会计之友，2021， No.670（22）:137-142.

[15] 王利朋，关志，李青山，等.区块链数据安全服务综述[J/OL].软件学报，2023，34（01）:1-32. DOI:10.13328/j.cnki.jos.006402.

[16] 王龙泽.基于区块链的综合能源能量管理系统研究［D/OL］.北京：华北电力大学（北京）， 2022.DOI:10.27140/d.cnki.ghbbu.2022.000043.

[17] 张傲，段续庭.区块链技术在交通领域中的应用综述："2022世界交通运输大会（WTC2022）"论文集（交通工程与航空运输篇）[C/OL].北京：人民交通出版社股份有限公司，2022:9.DOI:10.26914/c.cnkihy.2022.019821.

[18] 刘民，蒋学辉.区块链技术在智能交通中的应用[J].电子技术与软件工程，2020，No.188（18）:170-171.

[19] 邱暾.区块链在智能交通领域中的应用研究[J/OL].北方交通，2020，No.330（10）:92-94.DOI:10.15996/j.cnki.bfjt.2020.10.023.

[20] 章宏.区块链技术下城市智能交通发展的机遇与挑战[J/OL].城市建筑，2021，18（33）:179-181.DOI:10.19892/j.cnki.csjz.2021.33.51.

[21] 林强，刘名武，王晓斐.嵌入区块链信息传递功能的绿色供应链决策[J/OL].计算机集成制造系统，2022:1-23[2023-03-07].http://sso.changshalib.cn/interlibSSO/goto/2/-+jmr9bmjh9mds/kcms/detail/11.5946.tp.20211006.1222.006.html.

[22] 张晶莹.区块链技术在绿色供应链中的应用[J/OL].当代县域经济，2021，No.096（11）:77-79.DOI:10.16625/j.cnki.51-1752/f.2021.11.021.

[23] 熊熊，张瑾怡.区块链技术在多领域中的应用研究综述[J].天津大学学报（社会科学版），2018，20（03）:193-201.

[24] 姚海龙，海波，张明，等.基于区块链的城市交通违章协同管理模式创新[J].甘肃高师学报，2021，26（05）:119-122.

[25] 钟芸.区块链赋能城市智能交通的应用探索[J/OL].交通与港航，2020，7（03）:56-59.DOI:10.16487/j.cnki.issn2095-7491.2020.03.012.

[26] 赵曼莉.基于区块链的智能交通数据交换隐私保护研究[D/OL].北京：北京交通大学，2020.DOI:10.26944/d.cnki.gbfju.2020.002015.

[27] 张银川，杨铖，张钿钿，等.区块链在票据管理的应用[J].时代金融，2020，No.768（14）:96-97.

[28] 李黎.区块链在支付清算领域中的应用研究[J/OL].现代营销（经营版），2020，No.335（11）:34-35.DOI:10.19921/j.cnki.1009-2994.2020.11.017.